# PORSCHE

## **PERFEKTION** AUF RÄDERN

HEEL

**Impressum**

HEEL Verlag GmbH
Gut Pottscheidt
53639 Königswinter
Telefon 0 22 23 / 92 30-0
Telefax 0 22 23 / 92 30 26
Mail: info@heel-verlag.de
Internet: www.heel-verlag.de



Verantwortlich für den Inhalt:
Roland Löwisch

Lektorat:
Jost Neßhöver

Lithographie, Satz und Gestaltung:
Huwer-Design, Hürth; F5 Mediengestaltung Ralf Kolmsee, Bonn



Printed in Italy

ISBN: 978-3-95843-880-4

ROLAND LÖWISCH

# PORSCHE

## PERFEKTION AUF RÄDERN

HEEL

PORSCHE

Meine erste körperliche Begegnung mit einem waschechten Porsche erlebte ich 1985 – ziemlich spät. Im familiären Umfeld war Autofahren zwar Alltag, aber sämtliche Verwandte und Bekannte hatten Kinder, so dass sich niemand ernsthaft nach Sportwagen umsah – erst recht nicht bei der feinen und auch damals schon ziemlich teuren Marke aus Stuttgart. So war das erste Mal durchaus willkommene Entjungferung.

Ich durfte mich in den Porsche setzen, starten, rangieren. Einen 911. Und ich war Volontär bei einem kleinen Lokalblatt in Schleswig-Holstein. Keiner der Kollegen war davon begeistert, über die lokale Autoshow zu schreiben, aber ich empfand das als willkommene Abwechslung von Terminen à la Kinderflohmarkt, örtlichem Finanzausschuss und Tanztee der Polit-Frauen.

Da stand er also. Das Zündschloss natürlich links vom Lenkrad. Ein Porsche 911, das war Nordschleife Wurzel aus Le Mans multipliziert mit Laguna Seca hoch Monaco. Der Sound des Sechszylinder-Boxers klang neben all den braven Opel, Ford und VW verrucht, viel zu laut, die Abgase schmeckten nach Kraft, das Kupplungspedal verlangte nach Muskeln. Das erste Porsche-Date währte nicht lange, aber es bleibt in Erinnerung wie der erste Kuss, der erste Kater, das erste Knöllchen. Es war etwas ganz Besonderes.

Heute treffe ich Porsche öfters. Ich durfte einen 911 SC Targa durch China steuern, mit einem 911 Safari und einem Carrera GT den Berg in Goodwood beim Festival of Speed hochrasen, mit einem 550 Spyder auf den Spuren von James Dean in Kalifornien wandeln, die heutige Mille Miglia in Italien erleben, in einem 356 Speedster die Mille Miglia Kalifornien fahren, in einem 356 A 1600 Super Coupé von 1956 während „La Festa Mille Miglia" durch Japan kreuzen. Ich genoss die Nummer 1, bürzelte einen 2.7 RS, targate um Stuttgart herum, war mit dem 944 am Nordkap und schnupperte im 356 Carrera GS Cabrio Schweizer Alpenluft. Ich trat das Pedal eines Master-Traktors voll durch und folgte im GT3 RS Walter Röhrl am Bilster Berg. Ich war mehrfach fasziniert vom Porsche Reunion in Laguna Seca und bin noch heute geplättet vom einmaligen „Porsche Race Car Classic" in Carmel, Kalifornien. Hinzu kamen und kommen Fahrzeugpräsentationen, Museumsevents und, und, und. Geht noch mehr?

Ich lade Sie ein zum Sprint durch die Porsche-Welt. Schnell genug, dass er Porsche-angemessen ist. Ausführlich genug, dass Sie einen Eindruck bekommen, was die Macher, die Firma, die Zeit geleistet haben.

So erlaube ich mir schließlich die persönliche Abänderung eines der berühmtesten Zitate von Ferry Porsche in der Hoffnung, er hätte darüber lächeln mögen: „Ich suchte nach einem Buch, in dem alles wirklich Wichtige zur Firma Porsche in der kürzestmöglichen Ausführlichkeit zu einem sensationellen Preis mit möglichst zeitgenössischen Fotos enthalten war. Als ich es nicht fand, schrieb ich es selbst …"

Hamburg, im Frühjahr 2019 — Roland Löwisch

Kapitel 1

# Der Weg zum Konstruktionsbüro

1930–1939

Der März 1931 ist in Deutschland sehr kalt und winterlich. Einen Mann in Stuttgart stört das nicht: Ferdinand Porsche. Er tüftelt an seinem künftigen Lebenswerk – der „Dr. Ing. h.c. F. Porsche GmbH, Konstruktion und Beratung für Motoren- und Fahrzeugbau". Dass er das Thema beherrscht, hat er bereits in jungen Jahren in Wien bewiesen.

Das erste Elektromobil unter Porsches Mithilfe ist eine Kutsche mit quer zwischen den Vorderrädern aufgehängtem E-Motor und gelenkten Hinterrädern. In dieser Form rollt erstmals am 26. Juni 1898 das „Egger-Lohner-Elektromobil C.2" über die Straßen. Antriebsquelle ist Porsches Oktagon-Motor, der seine Bezeichnung aufgrund des geschlossenen, achteckigen Motorgehäuses erhält. Er ist drei PS (kurzfristig fünf) stark, was den C.2 knapp 35 km/h schnell macht – wenn der Pilot geschickt mit den zwölf Fahrstufen (sechs Vorwärts- und zwei Rückwärtsgänge sowie vier Bremsstufen) umgehen kann. Die Gesamtreichweite des 1350 Kilo schweren Wagens beträgt dank der rund 500 Kilogramm schweren „Tudor"-Batterien bis zu 80 Kilometer oder zwischen drei und sechs Betriebsstunden.

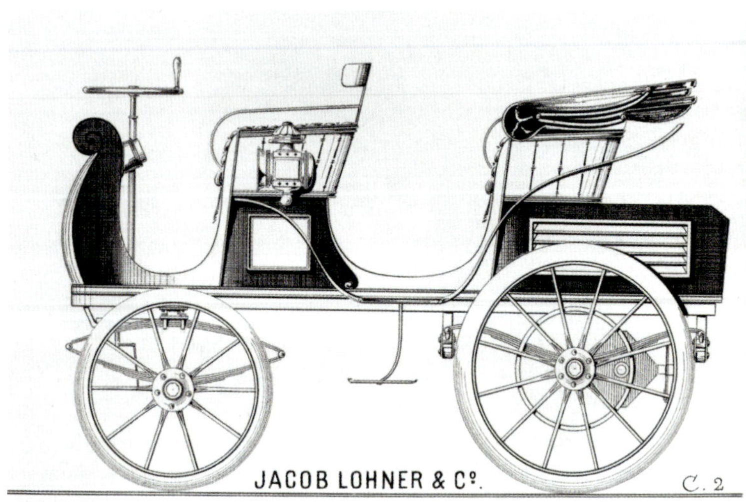


*Der Egger-Lohner C2 mit Porsches Oktagon-Motor: Das Original steht im Porsche-Museum.*

Ferdinand Porsches Lohner-Rennwagen trug den Namen „La Toujours Contente" („die stets Zufriedene"). Ferdinand Porsche sitzt am Steuer.

Um 1900 überrascht Porsche die Fachwelt mit dem ersten funktionsfähigen Vollhybridautomobil der Welt, dem „Semper Vivus". Im „Immer lebendig" bilden zwei mit je einem 2,5-PS-De-Dion-Bouton-Benzinmotor gekoppelte Generatoren eine Ladeeinheit, die gleichzeitig Radnabenmotoren und Batterien mit Strom versorgen.

Daraus entwickelt Ferdinand Porsche im Jahr 1901 eine serienreife Variante, den „Lohner-Porsche Mixte". Der Mixte besitzt als Hybridauto einen Vierzylinder-Frontmotor von Daimler (5,5 Liter Hubraum, 25 PS) plus zwei Radnabenmotoren. Preis: 14.000 bis 34.000 Kronen. Bis 1905 werden allerdings nur elf Lohner-Porsche mit Daimler-Aggregaten gebaut. Ökonomisch erfolgreicher sind die reinen Elektrofahrzeuge. Während der ersten fünf Jahre der Serienfertigung können bis Ende 1905 rund 65 Lohner-Porsche Elektromobile abgesetzt werden.

1906 heuert Porsche bei Austro-Daimler an. 1907 entwickelt Porsche für Emil Jellinek den Rennwagen „Maja" – sein erstes Auto mit reinem Benzinantrieb. 1914, zum Ausbruch des Ersten Weltkriegs, fahren bereits zehn von ihm konstruierte „Elektrotrain System Daimler-Landwehr" für den Kanonentransport.

1922 glänzt er mit einer Auftragsarbeit, dem nur 589 Kilo schweren Rennwagen Austro-Daimler ADS R „Sascha" – benannt nach dem Geldgeber des Projektes, Fabrikant Alexander „Sascha" Graf Kolowrat. Der zunächst 35 PS starke und als Vorläufer eines 45 PS starken Serien-Viersitzers vorgesehene Renner belegt noch im gleichen Jahr auf Sizilien bei der Targa Florio die Ränge

Ferdinand Porsche (4. von rechts) und sein Renner „Sascha".
Am Steuer sitzt der spätere Mercedes-Rennleiter Alfred Neubauer.

*Schwer, stark, schnell: Den Motor des Mercedes SSKL aus dem Jahr 1931 hat Porsche entwickelt.*

eins und zwei seiner Hubraumklasse. „Sascha" verkörpert eins der wichtigsten Porsche-Prinzipien: bestes Leistungsgewicht. Austro-Daimler würdigt allerdings nicht Porsches Rennsport-Leidenschaft. Der lässt sich das nicht gefallen und wechselt 1923 zu Daimler nach Stuttgart.

Dort entwickelt er die frühe „S-Klasse" (Mercedes S, SS und SSK) mit bis zu sieben Litern großen Reihensechszylindern samt Kompressor, maximal 300 PS und gewaltige 680 Newtonmeter stark. Der SSK rennt bis zu 190 km/h – da kommen nur wenige Konkurrenten mit. 1930 trennt sich Daimler von Porsche, der inzwischen dem Vorstand angehörte.

Der geniale Ingenieur gründet am 25. April 1931 seine eigene Firma: „Dr. Ing. h.c. F. Porsche GmbH, Konstruktion und Beratung für Motoren- und Fahrzeugbau". Sitz der Firma: die Stuttgarter Kronenstraße 24. Stammkapital 30.000 Mark, zwölf Mitarbeiter.

Was die junge Firma nun dringend braucht, sind Aufträge. Der erste kommt von Wanderer: Die Autofirma benötigt einen Sechszylindermotor für ihre Mittelklasselimousine. Das fertige Projekt erhält von Porsche die Bezeichnung „Typ 7". Die Typen 1 bis 6 gibt es übrigens nicht – Porsche möchte gegenüber den ersten Auftraggebern nicht zugeben, dass seine Firma gerade erst mit der Arbeit begonnen hat. 1933 stellt Porsche den 1,7-Liter-Motor fertig: Der Reihenmotor mit seitlicher Nockenwelle leistet 35 PS.

1933, als Adolf Hitler Reichskanzler wird und das „Dritte Reich" ausruft, ist Porsche schon beim „Typ 22" – das sind Grand-Prix-Autos für Auto Union mit 16-Zylinder-Kompressor-Motoren. Die in Zwickau im Werk Horch der Chemnitzer Auto Union AG entwickelten Renner kommen zwischen 1934 und 1939 bei national und international bedeutenden Rennveranstaltungen zum Einsatz. Der Job ist für Porsche lukrativ, das Geschäft läuft.

*Das Herz des Auto Union C aus dem Jahr 1936 ist der atemberaubende 16-Zylinder von Porsche.*

Erst recht, als Ferdinand Porsche am 22. Juni 1934 den Auftrag zur Entwicklung eines „Volkswagens" vom Reichsverband der Automobilindustrie erhält. Als er im Januar 1934 sein „Exposé betreffend den Bau eines Deutschen Volkswagens" vorstellt, ist dies bereits der achte unter seiner Regie entwickelte Kleinwagen.

Das kompakte Modell soll einen luftgekühlten Vierzylinder-Motor ins Heck bekommen, eine Kurbellenkerachse, Drehstabfederung sowie die Aufteilung des Fahrzeugs in Bodenplatte und Karosse. Das Design vereint die Stromlinienform mit dem Platzangebot für vier Personen – es entsteht die berühmte Käfer-Silhouette.

Porsche begibt sich mit dem Volkswagenprojekt in vollständige Abhängigkeit vom NS-Regime. Er liefert Prototypen des „Typ 60" am 15. Mai 1937 zur Fahrerprobung ab. An seinem Sportwagen-Ableger, dem Typ 67 mit 1,5-Liter-Motor, hat die Reichsregierung jedoch kein Interesse. So überlegt Porsche, den Wagen auf eigene Kosten zu bauen. Letztlich wird daraus eine Zeichnung zum Typ 114, genannt F-Wagen, mit V10-Motor und 1493 Kubikzentimetern Hubraum. Das Projekt wird zwar nie verwirklicht, aber der Berlin-Rom-Wagen (VW Typ 60 K 10, also mit Sonderkarosserie in Richtung Porsche Typ 64) ähnelt ihm äußerlich sehr.

Dieser Berlin-Rom-Wagen (40 PS, Motor 1131 Kubik, 525 Kilo, entstanden 1939) ist formschön, sportlich und schnell – und er wird zur großen Leidenschaft von Ferdinand Porsche und damit zum „Ur-Porsche" auf Basis des VW Käfer. In und unter der Stromlinienform aus Aluminium finden sich die richtungweisenden Ansätze für alle späteren Sportwagen von Porsche. Auch in Sachen Design und Aerodynamik ist das Coupé seiner Zeit weit voraus. Auf öffentlichen Straßen wird ein Tempo von immerhin 130 km/h erreicht. Der Herr Konstrukteur lässt den Porsche-Schriftzug auf dem Auto anbringen.

Aber auch die Fremdauftragslage blüht: Am 11. März 1937 vergibt Daimler-Benz den Entwicklungsauftrag für einen Rekordwagen an Porsche. Der T80 soll 3500 PS erhalten – Porsche pflanzt in einen Gitterrohrrahmen den Flugzeugmotor DB 603 mit 44,5 Litern Hubraum. Der T 80 sollte das Schnellste sein, was die Welt auf vier Rädern gesehen hat. Geplant sind mindestens 600 km/h auf der Autobahn bei Dessau.

*So träumt der Volksgenosse 1938: Mit Kraft durch Freude im KdF-Wagen ins Grüne – zwei Jahre später ging's stattdessen im Kübel an die Front.*

*Ein von Porsche entwickeltes Hypercar, das nie gefahren ist: Der Mercedes T 80 sollte mit 3500 PS starkem Flugzeugmotor Rekorde holen.*

1938 bezahlt Porsche bereits 176 Angestellte, davon 72 Ingenieure und Verwaltungskräfte. Die Firma boomt wegen des VW-Deals, so kann sie sich den Neubau in Stuttgart-Zuffenhausen als Hauptquartier leisten. Ende 1938 wird die „Dr. Ing. h.c. F. Porsche KG" gegründet. Damit bleibt die Firma im alleinigen Familienbesitz.

Seinen jüngsten Produkten jedoch ist es nicht vergönnt, zu beweisen, was in ihnen steckt: Porsche liefert 1939 seinen Teil der Arbeit am T 80 ab – der Beginn des Zweiten Weltkriegs am 1. September 1939 allerdings verhindert die Fertigstellung, so dass der T 80 nie zum Einsatz kommt. Auch der Typ 60 K 10, der Berlin-Rom-Wagen, fährt kein Rennen.

Pünktlich zum Kriegsbeginn realisiert Ferdinand Porsche, der aus geschäftlichen Gründen die Nähe zur Politik sucht, nur noch militärische Projekte, zum Beispiel den „Kübelwagen", von dem bis 1945 55.000 Stück entstehen. Die Behörden brauchen ein Auto mit geringer Bauhöhe, leichtem Gewicht und geringen Umbaukosten zum Militärfahrzeug. Auf KdF-Wagen-Basis wird der Typ 82 entwickelt: 750 Kilo Gewicht, 42,5 PS, jedoch nur Hinterradantrieb. Dank Zwischengetriebe an den Hinterrädern glänzt das Auto trotzdem mit guter Traktion.

*Schon ein Hauch von 356: Das aerodynamische Design des Berlin-Rom-Wagens Typ 60K10/64 nimmt die Zukunft vorweg.*

# Ständig unter Strom – der junge Ferdinand Porsche

Anton Porsche tobt. Der konservative Flaschner hat mal wieder selbstgebaute Batterien seines drittgeborenen Kindes auf dem Dachboden seines Hauses in Maffersdorf, Böhmen, entdeckt. Porsche senior hat kein Verständnis für das Akkumulatoren- und Generatoren-Hobby des Filius namens Ferdinand, also tritt er die Versuchsanordnung kurz und klein. Dass dabei Säure seine Hose und Beine angreift, machte ihn nur noch wütender.

Anton Porsche ist ein Patriarch alter Prägung: Sein Wort ist Gesetz. Und vielleicht ist er auch ein bisschen verbittert – sein ältester Sohn Anton ist von einem Transmissionsriemen in der Teppichfabrik Ginzkey erschlagen worden. Da darf der zweitälteste Sohn Ferdinand, geboren am 3. September 1875, nicht einfach seinen Kopf durchsetzen – es gibt Wichtigeres. Beispielsweise Klempner zu werden, um später den väterlichen Betrieb zu übernehmen.

Wenn es so gekommen wäre, würde die Auto-Welt heute ärmer sein – es gäbe keine Porsche-Sportwagen. Aber zum Glück ist Ferdinand Porsche schon als junger Kerl ein kleiner Revoluzzer – wenn auch nur aufgrund seiner Leidenschaft für die Elektrotechnik und nicht aus überzeugtem Nonkonformismus.

In der Grundschule ist der junge Ferdinand zwar schweigsam, aber pünktlich und ordentlich. Seine Noten sind nicht zu beanstanden, aber auch nicht hervorragend. Er engagiert sich im Chor und turnt ganz gut. Aber sein Herz gehört schon früh der Elektrotechnik – für jeden spätestens daran ersichtlich, dass sich der Bub beim Eislaufen Lampen an die Schlittschuhe baut.

Aber nun will Ferdinand seinen Vater nicht enttäuschen – so geht er nach der Volksschule bei ihm tatsächlich erst einmal in die Lehre und müht sich ab mit Blechtafeln und Dachrinnen, mit Ofenrohren und Wasserleitungen. Besonders oft arbeitet er beim größten Arbeitgeber der Gegend, in der Ginzkey-Fabrik oder in den Privathäusern der ihm sehr gewogenen Ginzkey-Brüder Wilhelm, Ignaz und Alfred.

Den Grand Bourgeois ist der Name Porsche nicht unbekannt: Bei Ihnen arbeiten laut Firmenchronik seit 1851 auch ein Augustin Porsche und ab 1871 sein Sohn Franz Porsche, später noch ein Ignaz, Gustav, Oskar sowie ein Josef Porsche und schließlich noch eine Emma Porsche. Der Name Porsche – als „Borso" ursprünglich abgeleitet vom Vornamen „Borislav" und zurückverfolgt bis ins Jahr 1672 – ist damals in dieser böhmischen Gegend nicht selten.

Ferdinands Mutter Anna bemerkt schnell, dass ihr Junge in der Lehre nicht glücklich ist. So sorgt sie für die väterliche Erlaubnis, dass Ferdinand Abendkurse an der Reichenberger Staatsgewerbeschule besuchen darf. Ferdinand Porsche blüht auf: Hier lernt er, mit Lineal und Zirkel umzugehen, Technische Zeichnungen anzufertigen und Berechnungen anzustellen. Außerdem darf er nach dem Tageswerk bei Professor Joseph Pechan die Grundlagen der Elektrotechnik lernen.

*Porsche, der Bastler: Hier posiert der 18-Jährige vor einer selbstgebauten elektrischen Anlage im Elternhaus 1893.*

Das erlaubt dem Wissensdurstigen, bald im Elternhaus eine Klingelanlage zu installieren und es mit elektrischem Licht zu versorgen – natürlich in Abwesenheit des Vaters, der eines Abends heimkommt und von der Moderne überrascht wird. So muss auch er die Begabung seines Sohnes anerkennen – Ferdinand darf sogar die väterliche Werkstatt elektrifizieren.

Die Gönner Ginzkey beobachten Ferdinand Porsches Fleiß mit Zufriedenheit und bieten ihm an, nach seiner Ausbildung bei ihnen anzufangen – oder bei ihrem Freund Bela Egger in Wien. Der besitzt nämlich ein komplettes Elektrizitätswerk. Porsche lässt sich nicht lange bitten: 1893 ist er in der Stadt seiner Träume angekommen, die er erstmals als Elfjähriger live erlebte und die ihn seitdem nicht mehr losgelassen hat.

Sofort beginnt der nun 18-jährige Ferdinand Porsche seine professionelle Konstrukteurslaufbahn in der Wiener Firma „Vereinigte Elektrizitäts-Aktiengesellschaft Bela Egger & Co." (VEAG), zunächst als Praktikant. Bela Egger ist als österreichischer Lizenznehmer von Thomas Alva Edison kein Geringerer als der Vater der Elektrifizierung Österreichs. Er baut Generatoranlagen und

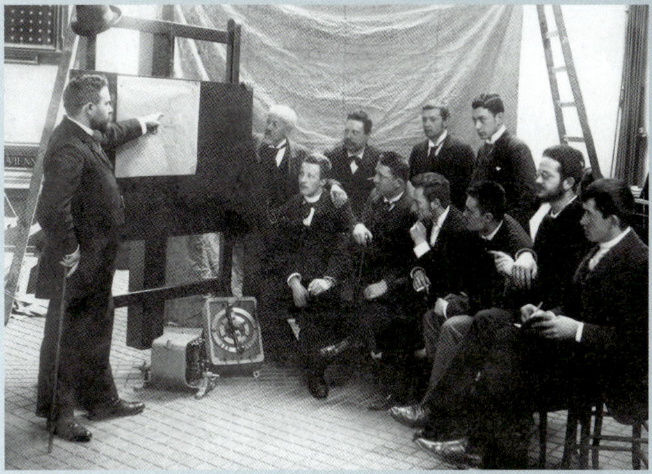

*Technische Besprechung bei der Firma Bela Egger & Co. 1895: Der junge Ferdinand Porsche (rechts) schreibt mit.*

*Geniales Frühwerk: Ferdinand Porsches Oktagon-Elektromotor dient als Antrieb des Egger-Lohner C2.*

Straßenlaternen, er versorgt auch das Kaiser-Schloss Schönbrunn mit Strom – an diesem Projekt ist vermutlich auch Ferdinand Porsche mit einfachen Arbeiten beteiligt. Porsche lauscht nebenbei Vorträgen an der Technischen Hochschule Wien, obwohl er gar nicht als Student eingeschrieben ist.

Zu diesem Zeitpunkt ahnt Ferdinand Porsche noch nicht, dass er sich bald mit Automobilen beschäftigen wird – dank der Begegnung mit Ludwig Lohner. Der Wiener erbt 1886 im Alter von 34 Jahren die wohl bedeutendste österreichische Kutschenbaufirma „Jakob Lohner, k.u.k. Hofwagenlieferant". Der junge Unternehmer – reich, progressiv, verantwortungsbewusst – erkennt rechtzeitig, dass er mit reinem Kutschenbau das bislang gut gehende Geschäft nicht aufrechterhalten kann, zumal neue Zollschranken massive Export-Probleme bereiten werden.

Außerdem wittert er, dass die Zukunft im Automobilbau liegt: Im Herbst 1896 besucht Lohner Gottlieb Daimler in Cannstadt und darf in dessen Auto mitfahren – er ist begeistert. Das ist die Initialzündung für Lohner, selber Autos zu bauen. So bekommt er im September 1896 das erste serienmäßig gebaute Benzin-Auto, das in Wien durch die Gassen rumpelt – einen Peugeot. Er ähnelt sehr dem Daimler-Stahlradwagen, da Peugeot nach Daimler-Lizenz fabriziert: hinten angeordneter Zweizylinder-Benziner, vier PS, Glührohrzündung.

1897 fährt Ferdinand Porsche immerhin schon ein Elektro-Fahrrad – selbst gebaut, kaum gefedert, schrecklich unzuverlässig. Und trotzdem hochinnovativ: Seitlich neben dem Hinterrad sitzt ein Elektromotor in achteckiger Form – der „Oktagon"-Motor stammt von ihm selber. Bela Eggers Sohn Ernst sieht die Konstruktionszeichnung des Oktagon-Elektromotors auf Porsches Schreibtisch, als jener auf Geschäftsreise ist. Und er nimmt sie an sich – als Chef sieht er sich im Recht dazu.

Egger will die Innovation (unter anderem die zweigeteilte Antriebswelle, kombiniert mit einem Differenzialgetriebe) selber als Patent anmelden. Porsche ist empört, als er vom Ideendiebstahl erfährt. Aber nicht verzweifelt: „Ärgere Dich nicht, ich habe eine noch bessere Idee", beruhigt er seine Freundin Aloisia Kaes. Damit meint er den Radnabenmotor. Dessen Entwicklung verlegt er allerdings ins heimische Wohnzimmer, damit nicht wieder jemand seine Erfindung stehlen kann.

Ebenfalls 1897 beginnt Ludwig Lohner damit, ein eigenes Auto auf die Räder zu stellen. Ganz klassisch nimmt der für den Bau des Fahrwerkes beauftragte Professor Ludwig Czischek-Christen als Basis des so genannten A1 eine von Lohners Kutschen (Phaeton) und baut einen liegenden Pygmeé-Motor ein – das ist ein bis zu 600/min drehender und sechs PS starker Zweizylinder-Benziner der Firma Léfèbre-Fessard in Poissy mit Thermosyphonkühlung und Glührohrzündung. Luftreifen und Stahlspeichen erinnern an den Fahrradbau. Nach einer Viertelstunde Laufzeit bricht ein Kolben am Motor – die Maschine muss gleich wieder nach Poissy zur Reparatur. 1898 entstehen noch vier Wagen mit den französischen Motoren, nur einer wird verkauft – Erfolg sieht anders aus.

Die Motoren bleiben unzuverlässig, sie sind das Hauptproblem. So kontaktiert Lohner Daimler, Benz, Peugeot, Panhard & Levassor und Diesel, aber niemand kann oder will den Antrieb liefern. So bleibt Lohner nur noch eine Möglichkeit: Elektromotoren. Sie sind verfügbar und bieten dazu noch diverse Vorteile: keine Zündprobleme, keine Vergaserprobleme, keine Anlasserprobleme. Dazu wendet er sich an die VEAG und damit an Egger. So beginnt im Hause Lohner in der Wiener Porzellangasse die Produktion von Elektro-Autos – mit Hilfe von Ferdinand Porsche.

*Noch lange kein Sportwagen: Porsches Entwicklerkarriere begann mit der Elektrotechnik.*

Der ist bei Egger nun zum Ersten Berechnungsassistenten und zum Leiter des Prüfraumes aufgestiegen. Da ist er 22 Jahre alt, 1,65 Meter groß, mager, trägt halblanges Haar und einen Schnurrbart. Eine Skizze von Porsche aus dem Lohner-Familienarchiv zeigt seine Innovationskraft: einen „B2" mit ausradiertem Benzinmotor. Dafür ist ein Oktagon-Elektro-Motor zu erkennen, eingebaut als Frontmotor.

Eingebaut sind 42 Akkumulatoren der Firma Wüste und Rupprecht in Baden bei Wien. Die Kapazität liegt bei 90 Amperestunden, was bei mittlerer Spannung von 80 Volt einer Leistung von 7200 Amperestunden oder 7 PS-Stunden entspricht. Die Akkus wiegen 430 Kilo, das ganze Gefährt 1350 Kilo. Der Antrieb gelingt über ein Kegelraddifferenzial auf die Vorderräder.

Dank unterschiedlicher Widerstände gibt es sechs verschiedene Vorwärtstempoeinstellungen, drei Bremseinstellungen und eine Rückfahrmöglichkeit. Der Aufbau ist ein „Stadt-Coupé" (Phaeton): geschlossenes Passagierabteil, der Fahrer sitzt im Freien. Der Name des Vehikels: Egger-Lohner. Gelenkt wird mit den Hinterrädern – was Porsche allerdings weniger gefällt.

Die erste Testfahrt des Elektro-B2 am Abend des 26. Juni verläuft ernüchternd. Das Vehikel schafft nicht die zehnprozentige Steigung der Börsegasse. Erst als Porsche viele Bleisicherungen auswechselt, klappt es. Daraufhin wird er beauftragt, den Motor zu stärken. Das Ergebnis findet seinen Weg in Lohners erstes fertig gebautes Elektroauto namens „C2". Das Fahrzeug bekommt eine „Straßenzulassung". Es entstehen zunächst zwei Stück, einer mit offenem und einer mit geschlossenem Aufbau.

So, wie Porsche sauer ist auf Egger wegen des Patentdiebstahls, ist auch Ludwig Lohner mit der Zeit immer schlechter zu sprechen auf Eggers „Vereinigte Elektrizitäts-AG Bela Egger" (Firmenname ab 1896). Er wirft dem Geschäftspartner am 9. November 1899 schriftlich vor, sich nur halbherzig um die E-Motoren zu kümmern und sie als stärker anzupreisen, als sie in Wirklichkeit sind. So kündigt er an, sich nach Alternativen umzusehen: „Hierzu gehören die bisher von uns unberücksichtigten Arbeiten Porsches und werde ich nun den Bau eines Wagens für seine Motoren sofort in Angriff nehmen ..." Noch im gleichen Monat endet die Zusammenarbeit zwischen Lohner und Egger.

Porsche wechselt Ende 1898 von der VEAG zu Lohner und bleibt dort bis 1906, als er Technischer Direktor bei der „Österreichischen Daimler Motoren Gesellschaft" wird. Bei Lohner baut er im Jahr 1900 den Lohner-Radnabenwagen, „System Lohner-

Porsche" – die erste automobile Gesamtkonstruktion des Ferdinand Porsche. Neben den technischen Highlights gibt es 1909 auch noch ein privates: Er wird am 19. September Vater eines später sehr berühmten Sohnes: Ferry Porsche.

Und Ernst Egger? Der versucht letztlich noch, Porsches Radnabenmotor-Patent mit dem gestohlenen Oktagon-Motor-Patent zu bekämpfen. Es gelingt ihm nicht. Bei Egger ist das Thema Automobil damit schlagartig und für immer zu Ende. Die Firma wird 1910 von der Schweizer AG Brown Boveri & Cie. übernommen.

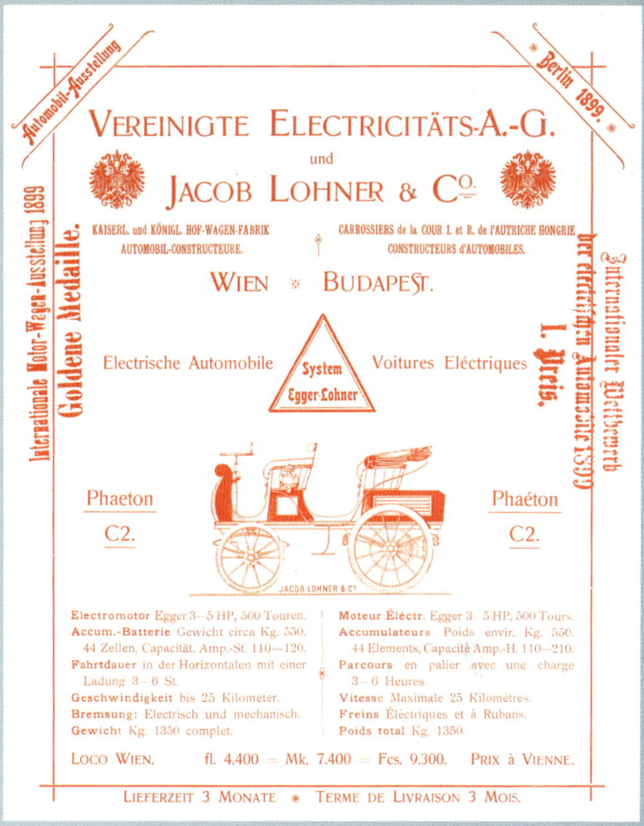


*Gründerzeit-Maschinenbau: Das Ritzel treibt das Rad am Zahnkranz an. Rechts zeitgenössische Reklame.*

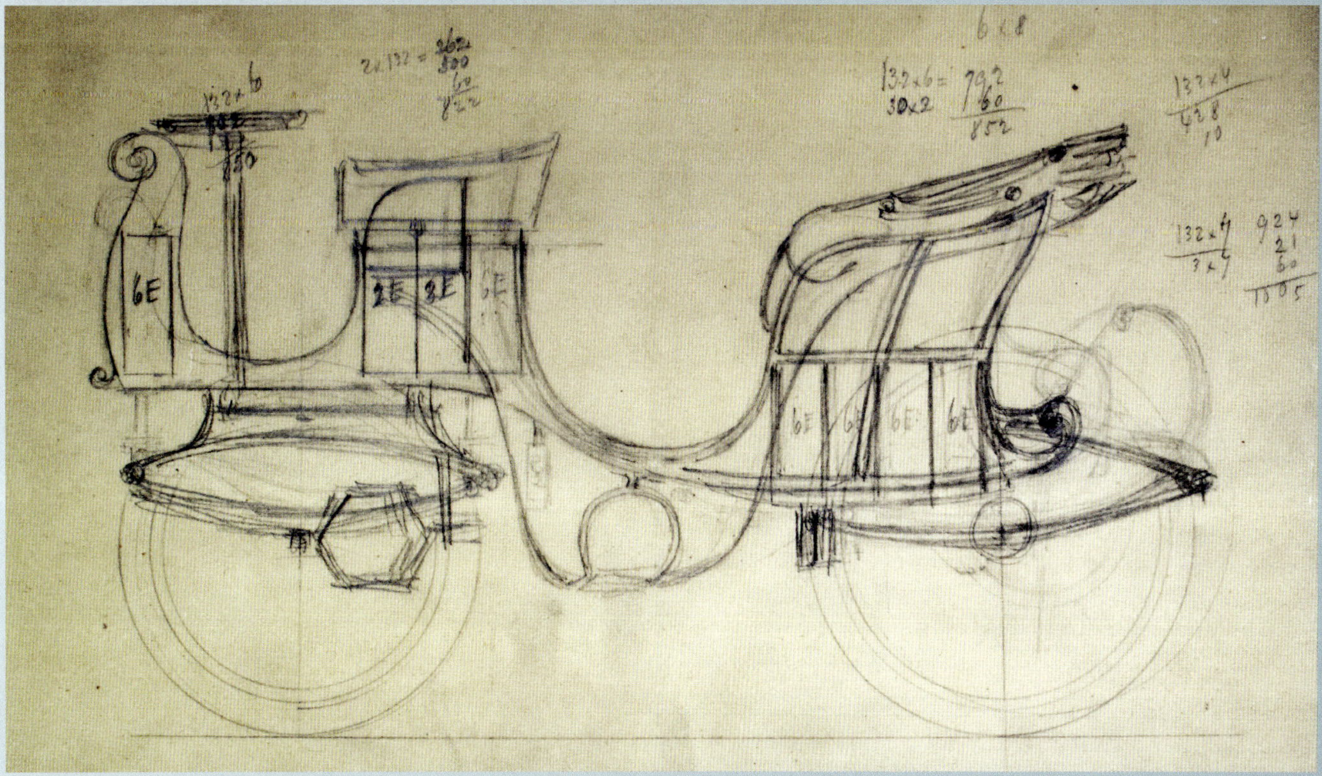

*Das Eckige muss ins Runde: Vorn hinter der Achse ist der Einbauort des Oktagon-E-Motors zu erkennen.*

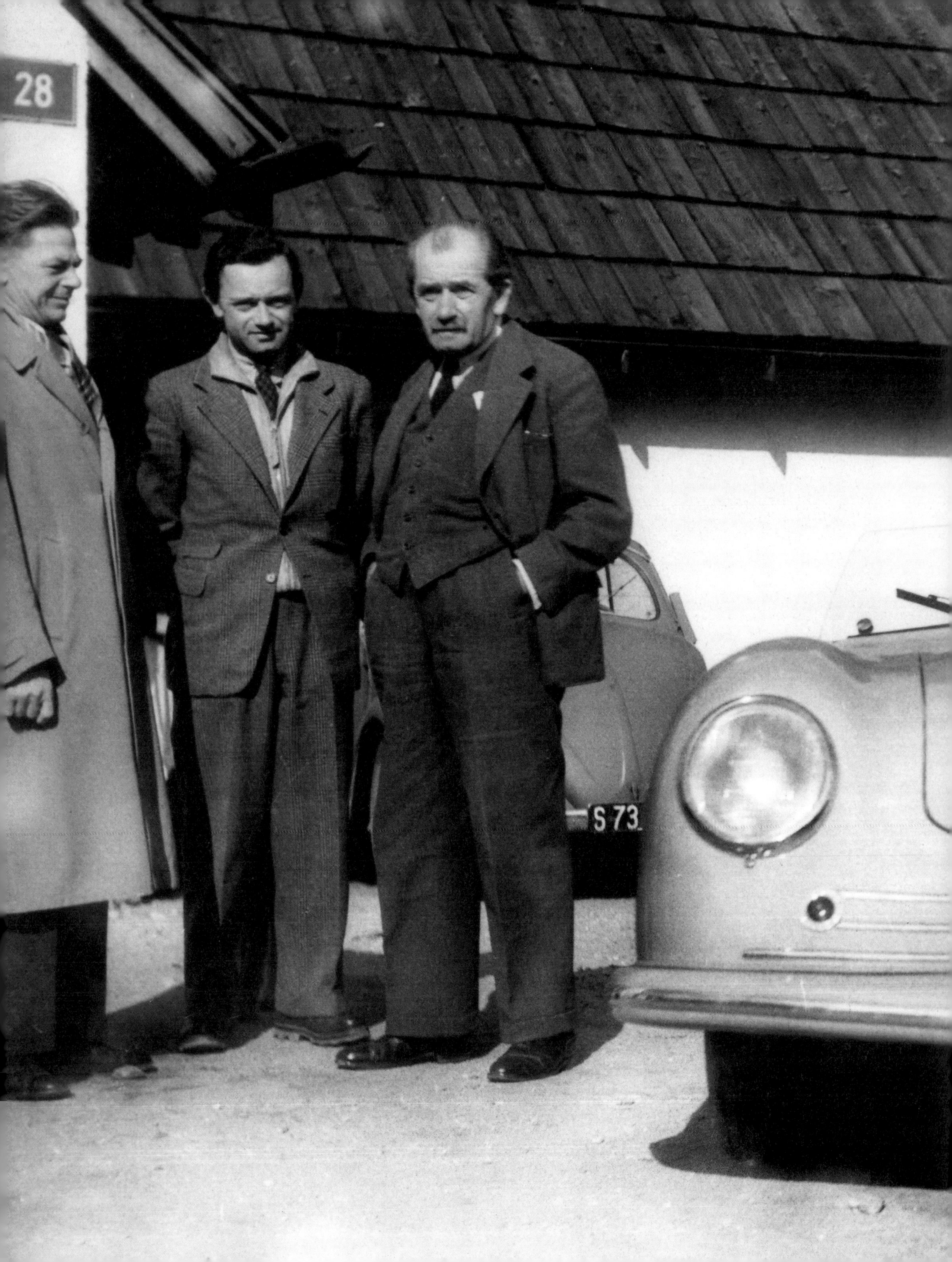
28
S 73

Kapitel 2

# Die Basis für den Erfolg

1940–1949

*Bereits vor dem Zweiten Weltkrieg konstruiert Porsche den Kleinschlepper Typ 110 mit luftgekühltem Zweizylinder. Auf dieser Grundlage entstehen der so genannte Volkstraktor und nach dem Krieg die beliebten Porsche-Diesel-Schlepper.*

1940 wird Ferdinand Porsche an seinem 65. Geburtstag vom Reichsministerium für Wissenschaft und Erziehung zum Honorarprofessor ernannt, woraufhin er sich noch intensiver mit Kriegsgerät beschäftigt – so mit den Schwimmwagen Typ 128 und 166 sowie mit Panzern. Als genialer Ingenieur denkt er allerdings in Sachen Großfahrzeuge zu kompliziert: Er entwickelt ein schweres Panzerfahrgestell mit zwei Elektromotoren und zwei benzinbetriebenen Generatoren (Typ 101) – die Konstruktion versagt bei der Vorführung im Führerhauptquartier. Die hundert bereits auf eigene Initiative gebauten Fahrgestelle kommen gerade noch als schwerer Panzerjäger „Ferdinand" zum Einsatz.

Dennoch versucht Porsche den Panzerbau erneut: Er sieht für den von Hitler gewünschten großen Panzer „Maus" (Typ 205) zunächst wiederum einen Hybridantrieb vor – der abermals versagt. Das mit 188 Tonnen überschwere Monster ist untauglich in jeder Hinsicht, auch mit den alternativ eingebauten Benzin- und Dieselmotoren. Porsche selbst ist zum Zeitpunkt des Scheiterns dieses größten Kampffahrzeugs aller Zeiten als Vorsitzender der Panzerkommission bereits abgetreten. Er kümmert sich nun um die Auslastung des Volkswagenwerkes.

*Den Riesenpanzer „Maus" bremsen nicht nur seine 188 Tonnen entscheidend.*

*Anderthalb-Liter-Zwölfzylinder: Der Cisitalia geht mit den besten Ideen aus Vorkriegstagen plus allerhand Neuem an den Start.*

*Typ 82: Porsches Kübelwagen entsteht auf Basis des Volkswagens und ist trotz reinen Hinterradantriebs nicht schlecht im Gelände.*

*Extrem geländegängig – und vor allem schwimmfähig – ist der Typ 166 von 1942. Er entsteht wie der Kübelwagen auf Basis des Volkswagens.*

1942 baut Porsche vom Schwimmwagen Typ 166 die ersten 125 Vorserienautos. Es handelt sich um eine Weiterentwicklung des Typs 128 mit zuschaltbarem Frontantrieb. Produziert wird das Auto bei VW. Volkswagen baut bis 1944 immerhin gut 14.000 Stück beider Modelle.

Der Krieg beeinflusst noch in anderer Weise Porsches Arbeit: Im Oktober 1944 wird seine Fabrik in Stuttgart völlig zerbombt, und er weicht nach Gmünd in Kärnten aus. Die Hälfte der bislang 588 Leute starken Porsche-Mannschaft zieht mit um. Weder Österreich noch die Geheimdienste der Siegermächte merken etwas davon. In die Werksanlagen Stuttgart-Zuffenhausen zieht die US-Armee ein, es werden dort Lastwagen repariert. Im Dezember wird Ferdinand Porsche von den Franzosen festgenommen wegen des Verdachts auf Kriegsverbrechen.

Doch der Betrieb geht weiter: Im Herbst 1945 arbeiten die Porsche-Werker an kleinen Zweitakt-Dieselmotoren des Typs 309 und an den Traktorentwürfen Typ 312, 313, 323 und 328.

Die Geschichte des Typs 360 beginnt am 2. Februar 1946. An diesem Tag beauftragt der italienische Unternehmer Piero Dusio, Inhaber der Automobilfirma Cisitalia, durch Vermittlung von Karl Abarth das Büro Porsche mit der Entwicklung eines Grand-Prix-Rennwagens. Dusio geht jedoch Pleite – das hoch innovative Rennauto (Karosserie aus Leichtmetall, 385 PS starker 1,5-Liter-Zwölfzylinder mit Kompressor, zuschaltbarer Allradantrieb) startet nie.

*In diesem ehemaligen Sägewerk im österreichischen Gmünd entstehen die ersten Porsche.*

1947 kehrt Ferdinand Porsche nach Gmünd zurück, durch entlastende Zeugen freigesprochen. Dabei hat er durchaus den Einsatz von KZ-Häftlingen gefördert – so jedenfalls steht es in einem Protokoll vom 17. März 1944. Porsche sitzt insgesamt 22 Monate in Untersuchungshaft.

Während in Wolfsburg endlich die VW-Produktion anläuft (1946 werden 10.020 Käfer gebaut, 1947 immerhin 8987), ersinnt Porsche den „VW Zweisitzer-Sportwagen" – eine erste Skizze vom Typ 356 auf Käfer-Basis entsteht am 17. Juli 1947. Nur: Im Nachkriegsösterreich ist das für den Sportwagenbau vorgesehene Aluminium nicht zu bekommen, bei den Eidgenossen in der Nachbarschaft dagegen schon. Porsche muss für die Einkaufserlaubnis der Regierung in Wien also versprechen, die daraus entstehenden Wagen im Ausland abzusetzen – Österreich braucht dringend Devisen.

Der Deal gilt. Und so entsteht 1948 der erste Porsche-Sportwagen: Basis ist ein selbst konstruierter Gitterrohrrahmen – Achsen, Lenkung, Räder und Bremsen stammen vom VW Käfer. Ebenso der 1,1-Liter-Motor, doch den haben die Konstrukteure um zehn PS gestärkt, indem sie neue Zylinderköpfe entwerfen, was letztlich in 35 PS gipfelt. Schließlich wird per Hand aus den helvetischen Alublechen eine Karosserie gedengelt. Fertig ist der „VW Sport Typ 356", ein Mittelmotor-Roadster.

*Der Anfang ist gemacht: Erwin Komenda, Ferry und Ferdinand Porsche (von links) zeigen die Nr. 1.*

Am 17. September 1948 schließen des Professors Sohn Ferry und VW-Chef Heinrich Nordhoff einen Vertrag, der die Firma Porsche pekuniär für die nächste Zeit bestens absichern wird: Porsche darf kein Auto in der Hubraumklasse zwischen 1,1 und 1,3 Litern für die Konkurrenz entwickeln. Dafür liefert VW Bauteile an Porsche, erlaubt die Nutzung des Händlernetzes und zahlt fünf Mark pro gebautem Käfer. Der Volkswagen wird, nun 5000 Mark teuer, ein echter Verkaufsschlager und das Werk bei Fallersleben zum Symbol des beginnenden Wirtschaftswunders.

Der erste Porsche-Messeauftritt findet in der Schweiz statt – beim Genfer Salon 1949 glänzen in der Haupthalle auf Stand 11 das erste Gmünd-Coupé (356/2-001) für 14.500 Franken und ein Beutler-Cabrio (356/2-002) für 16.500 Franken. Die ersten in Gmünd gebauten Autos heißen 356/2 und besitzen Alu-Karosserien. Porsche baut hier bis 1950 genau 52 Exemplare in Handarbeit. Jetzt allerdings sorgen 40 PS starke Vierzylinder-Boxer für Vortrieb. Und sie sind nun im Heck eingebaut.

*Gmünd in den 40ern: Unter einigermaßen rustikalen Umständen werden die ersten Sportwagen gebaut.*

*Gmünd-Coupés in der Erprobung: Mittlerweile ist der Motor nach hinten gewandert.*

*Nr. 1 lebt: Der 356/1 ist heute Schmuckstück der Porsche-Sammlung.*

### VW Sportwagen/Porsche 356 Nr. 1

Der erste 356 ist ein Mittelmotor-Sportwagen – die Basis, wie bei den folgenden 356ern, ist der VW Käfer. Die Porsches sind beim Bau des Cisitalia, der aus Fiat-Teilen besteht, darauf gekommen – warum einen eigenen Sportwagen nicht mit VW-Teilen bauen, wenn das Geld fehlt, alles selbst neu zu erfinden? Den 1,1-Liter-Vierzylinder-Boxer aus Wolfsburg trimmen die Männer auf 35 PS, was ein Top-Tempo von 135 km/h ermöglicht. Die Karosserie besteht aus Aluminium, der Motor heizt kräftig die Rücken der beiden Insassen.

Der Wagen wird beim Grossen Preis von Bern in der Schweiz auf der Rundstrecke von Bremgarten präsentiert – marketingtechnisch sehr schlau, weil wegen des Rennens viele Autoredakteure vor Ort sind und der Neuling im Umfeld des Rennens getestet werden kann. Ferdinand Porsche beginnt noch während der Fertigstellung von 356/1 mit dem Bau der 356-Serienmodelle, denen er allerdings den Motor ins Heck pflanzt, wo er ja auch beim Vorbild VW Käfer sitzt. Porsche vergibt trotz des völlig unterschiedlichen Antriebslayouts keine neue Entwicklungsnummer für das Serienauto.

| Technische Daten | VW-Sport/Porsche 356/1 |
|---|---|
| **Bauart** | Roadster |
| **Baujahr** | 1948 |
| **Motor** | Vierzylinder-Boxer |
| **Hubraum** | 1131 $cm^3$ |
| **Leistung** | 35 PS |
| **Getriebe** | Viergang-Handschalter |
| **Antrieb** | Hinterräder |
| **Gewicht** | 585 kg |
| **$V_{max}$** | 135 km/h |

# Die Macher

**Prof. Dr. Ing. h.c. Ferdinand Anton Ernst „Ferry" Porsche**: „Ich bin sozusagen gemeinsam mit dem Automobil zur Welt gekommen", steht als eines von vielen berühmten Zitaten von Ferry Porsche im Raum – der Mann hat recht: Er wird geboren am 19. September 1909. Mit zehn Jahren ist er des Fahrens mächtig – sein Vater Ferdinand Porsche baut ihm den „Ziegenbockwagen", einen kleinen Zweisitzer mit luftgekühltem 6-PS-Zweizylinder, der 60 km/h schafft. Mit zwölf Jahren steuert Ferry den Rennwagen „Sascha", mit 16 sitzt er am Lenkrad eines Experimental-Mercedes.

1931 wird er – was Wunder – Mitarbeiter im Porsche-Büro seines inzwischen immer erfolgreicheren Vaters. Ferry Porsche erprobt das Wanderer-Modell, das er auch teilweise entwirft. 1939 übernimmt er die Leitung der Firma in Zuffenhausen, nachdem der Vater einer der Direktoren von VW wird. Ferry Porsche macht aus dem Konstruktionsbüro seines Vaters den Autohersteller Porsche.

In Sachen 911 gibt er sein wohl berühmtestes Zitat zum Besten: „Am Anfang schaute ich mich um, konnte aber den Wagen, von dem ich träumte, nicht finden. Also beschloss ich, ihn mir selbst zu bauen." Eine genauso gute Entscheidung war, mit VW-Chef Nordhoff auszuhandeln, dass die Wolfsburger eine Lizenzgebühr von fünf Mark pro gebauten VW Käfer an Porsche zahlen müssen. Das verschafft der kleinen Sportwagenfirma bald einen immensen finanziellen Spielraum.

Anfang der 1970er Jahre zieht sich Ferry Porsche aus dem operativen Geschäft zurück – wie alle anderen Familienmitglieder nach einhelligem Beschluss auch. Bis 1990 ist er Aufsichtsratsvorsitzender, danach bis zu seinem Tode am 27. März 1998 Ehrenvorsitzender. Im gleichen Jahr läuft der letzte luftgekühlte 911 vom Band. Und ein weiteres Zitat ist unvergessen: „Das letzte Auto, das gebaut werden wird, wird ein Sportwagen sein …"

**Ferdinand Alexander „Butzi" Porsche** wird am 11. Dezember 1935 in Stuttgart geboren. Ferrys Sohn, „F.A." oder „Butzi" genannt, erweist sich schnell als guter Designer, als er aus Plastilin das erste Modell eines 356-Nachfolgers modelliert. Vier Jahre nach dem Eintritt ins Unternehmen übernimmt er die Designabteilung bei Porsche. Er wird nicht nur der stilistische Schöpfer des 911, sondern ist auch für die Formen des Monoposto 804 und des 904 Carrera GTS, einem der schönsten Rennwagen überhaupt, verantwortlich. 1990 folgt er seinem Vater als Aufsichtsratsvorsitzender. Bis zu seinem Tode am 5. April 2012 ist er Ehrenvorsitzender.

**Dr. Wolfgang Porsche**, geboren am 10. Mai 1943 in Stuttgart, ist der jüngste Sohn von Dorothea und Ferry Porsche und gehört seit 1978 dem Aufsichtsrat von Porsche an. Heute ist er Vorsitzender des Aufsichtsrates der Porsche Automobil Holding SE sowie der Dr. Ing. h.c. F. Porsche AG und hat einen Sitz im Kuratorium der Ferry-Porsche-Stiftung. Wolfgang Porsche führt nach eigener Aussage das Werk seines Vaters und das seines Großvaters Ferdinand fort.

**Ferdinand Piëch**, als Enkel von Ferdinand Porsche geboren am 17. April 1937 in Wien, studiert zunächst Maschinenbau, bevor er am 1. April 1963 als Sachbearbeiter im Rennmotorenversuch ins Familienunternehmen einsteigt. Zwei Jahre später ist er bereits der Chef der Abteilung. Ab 1965 leitet er die Entwicklungsabteilung. Unter seiner Führung entsteht mit dem Porsche 917 einer der erfolgreichsten Le-Mans-Rennwagen des 20. Jahrhunderts. 1971 wird er zum Technischen Geschäftsführer befördert. 1972 muss er gehen, weil kein Porsche-Familienmitglied mehr die Geschicke der Firma operativ lenken soll. Er wechselt zu Audi, wird später VW-Chef – aber das ist eine andere Geschichte …

**Erwin Komenda**, geboren am 6. April 1904, hier mit Karl Rabe links und Ferry Porsche rechts, kommt nach Positionen bei der Wiener Karosseriefabrik, Steyr und Daimler-Benz 1939 zu Porsche. Er wird der Leiter der Porsche-Karosserieentwicklung – den Job behält er bis 1966. Er baut das Kleid des VW Käfers, aber auch die Hüllen von 356/1 und 356/2. Bei der Verwirklichung des 911 hat er andere Vorstellungen als die Porsche-Familie, kann sich aber nicht durchsetzen. Der gebürtige Österreicher stirbt am 22. August 1966. Noch heute kämpfen die Nachfahren Erwin Komendas um offizielle Anerkennung von seinem Einfluss auf Porsche 356 und VW Käfer.

Porsche sauer auf seinen Entwicklungschef. Der Firmenpatriarch kritisiert, dass das Erfolgsmodell 911 eine Zeit lang vernachlässigt worden sei. Künftig dürfe es nicht mehr so lange dauern, bis geplante Modellerneuerungen produktionsreif seien, sagt er. Bott muss gehen – er stirbt am 14. Mai 1994.

**Dr. Ernst Fuhrmann** (geboren am 21. Oktober 1918) macht sich einen Namen mit der Konstruktion eines Motors: Der promovierte Maschinenbauer ersinnt den Königswellenmotor Typ 547, später auch „Fuhrmann-Motor" genannt. Das Doppelnockenwellen-Aggregat befeuert alle starken frühen Carrera-Modelle. 1956 gibt er ein Gastspiel bei einem Kolbenringhersteller, kehrt aber 1971 zu Porsche zurück. Dort ist er zunächst technischer Geschäftsführer, 1972 wird er Porsche-Chef. Er steht bald voll hinter dem Plan, dass der 928 den 911 ersetzen soll. Doch damit kann er sich zum Glück gegen die Porsche-Familie nicht durchsetzen. 1981 wird er als Porsche-Chef abgelöst. Er stirbt am 6. Februar 1995.

**Peter W. Schutz**, geboren am 20. April 1930 in Berlin, lenkt Porsche als Vorstandschef von 1981 bis 1987. Sein Job ist nicht einfach: 1980 macht Porsche erstmals Verluste. In seiner dritten Arbeitswoche nimmt Schutz den bereits gefassten Beschluss zurück, den 911 einzustellen – unter anderem ihm ist es also zu verdanken, dass die Ikone noch heute die Sportwagenfans faszinieren kann. Der Deutsch-Amerikaner verwirklicht zudem den 911 als Vollcabrio, ist für 944 und 959 verantwortlich und forciert den Motorsport. Letztlich macht er Porsche wieder profitabel, auch wenn er dann wegen wiederum sinkender Nachfrage den Hut nehmen muss. Schutz stirbt am 29. Oktober 2017 im Alter von 87 Jahren.

*Helmut Bott (zweiter von rechts) mit (von links) Rennleiter Rico Steinemann, Pilot Jo Siffert und Peter Falk*

**Helmuth Bott**, geboren am 23. August 1925, wird 1979 Vorstand für Forschung und Entwicklung bei Porsche. Auf ihn gehen das Grundprinzip des Porsche 911 zurück, der 911 Turbo, der 964 und der 959. Er ist auch Förderer des heute weltberühmten Entwicklungszentrums in Weissach. 1988 allerdings ist Ferry

Finanzchef **Heinz Branitzki**, geboren am 23. April 1929 in Oberschlesien, wird Nachfolger von Peter W. Schutz und lenkt die Geschicke von Porsche von 1988 bis 1990. Der Diplom-Kaufmann ist altes Porsche-Gewächs – schon 1965 steigt er in die Firma ein. Jetzt hat er es mit Dollar-Verfall, Absatzminus von 30 Prozent in den USA und einer in Frage gestellten Modellpolitik zu tun – das jüngste Modell ist bereits elf Jahre alt. Und er muss das Händlernetz halbieren. Branitzki bleibt nur zwei Jahre lang Porsche-Chef. Er stirbt am 2. August 2016 in Leonberg.

**Arno Bohn** (geboren 29. März 1947) beerbt Branitzki an der Porsche-Spitze – aber auch er bleibt nur rund eineinhalb Jahre (von 1990 bis 1992), obwohl sein Vertrag kurz vor dem Rauswurf noch einmal um drei Jahre verlängert wird. Der ehemalige Nixdorf-Vorstand überwirft sich mit der mächtigen Porsche-Familie – besonders mit Ferdinand Piëch. Bohn werden zu hohe Entwicklungskosten für den viertürigen Porsche 989 vorgeworfen, außerdem sinkt der Absatz der Fahrzeuge weiterhin, die Formel-1- und CART-Abenteuer funktionieren nicht. Kann er der Amtsenthebung im März 1992 noch trotzen, muss er im Oktober dann doch gehen.

**Wendelin Wiedeking**, geboren am 28. August 1952, ist Vorstandsvorsitzender von Porsche von 1993 bis 2009. Auf diesen Posten hat er sich stetig vom Vorstandsreferenten aus hingearbeitet. Er nimmt die so notwendige wie umfangreiche Sanierung der Firma Porsche in Angriff. Das wirkt: Bis 2007 wächst der Börsenwert der Firma auf 25 Milliarden Euro – Porsche wird zu einem der profitabelsten Autohersteller der Welt. Unter seiner Führung wird der Boxster als zweite Modellreihe ein Erfolg, danach der Cayenne. 2008 will Wiedeking den Giganten VW schlucken – das geht aber nach hinten los, so dass er am 23. Juli 2009 seinen Hut nehmen muss. Heute sitzt Wiedeking im Kuratorium der Ferry-Porsche-Stiftung.

**Michael Macht** ist lange Zeit die rechte Hand Wendelin Wiedekings. 1994 gründet der am 28. August 1960 geborene Stuttgarter die Porsche Consulting GmbH, die schon bald darauf hochprofitabel arbeitet. 1998 steigt Macht in den Vorstand auf, im Juli 2009 wird er Nachfolger seines Ziehvaters Wiedeking. Lange verbleibt er dort nicht: Zum 1. Oktober 2010 wird er in den VW-Konzernvorstand gerufen, wo er als Produktionsvorstand arbeitet. Im August 2014 verlässt er den VW-Konzern – wie man hört nicht in bestem Einvernehmen.

**Matthias Müller**, geboren am 9. Juni 1953, wird 2010 der sechste Porsche-Chef, seitdem sich die Familie aus dem operativen Geschäft zurückgezogen hat. Der gelernte Werkzeugmacher und Diplominformatiker arbeitet zuvor lange bei Audi, bis er 2007 zum Generalbevollmächtigten des VW-Konzerns befördert wird. Im Juni 2010 wird er Porsche-Chef. Fünf Jahre lang führt er Porsche, dann erwischt ihn der Strudel der VW-Dieselaffäre: 2015 wird er nach dem Rücktritt von Martin Winterkorn Vorstandschef der Volkswagen AG. Unter anderem der Umstand, dass er manchmal gerne sagt, was er denkt, kostet ihn letztlich 2018 diesen Posten.

**Oliver Blume** (geboren 6. Juni 1968) ist Porsche-Chef seit 2015. Seine Karriere beginnt er mit dem Maschinenbaustudium in Braunschweig, er promoviert in Shanghai. Seine ersten Meriten in der Autobranche verdient er sich bei Audi, Seat und VW. 2013 wird er Vorstand für Produktion und Logistik bei Porsche, bevor er den Chefsessel erklimmt. Sein Credo: „Es gilt, die Tradition von Porsche mit den Möglichkeiten der Elektrifizierung, Digitalisierung und Konnektivität zu verbinden."

**Max Edwin Hoffmann** (geboren 12. November 1904) ist ein Wiener Motorsportler und Autohändler, bevor er 1938 vor den Nazis nach Frankreich flieht und danach in die USA. Dort gründet er 1947 die „Hoffman Motor Company": An der Park Avenue verkauft er europäische Luxusautos. Und das mit wachsendem Erfolg. Schon Mitte der 1950er Jahre verkauft er ein Drittel der gesamten Porsche-Produktion in der Neuen Welt. Er hat großen Anteil daran, dass Amerika noch heute ein echtes Porsche-Land ist. Er stirbt am 9. August 1981 in seinem Traumland USA.

**Richard von Frankenberg** wird am 4. März 1922 in Darmstadt geboren und studiert Maschinenbau. Er ist begeisterter Rennfahrer, startet zunächst auf Motorrädern, fährt ab 1951 Rundstreckenrennen und Rallyes auf Porsche. Das bringt ihm für die Jahre 1953 bis 1960 den Status des Werksfahrers ein. 1952 gründet er das Kundenmagazin „Christophorus", dessen Chefredakteur er bis 1973 bleibt. Noch im gleichen Jahr am 13. November stirbt Richard-Alexander Ruthard Edi Wolf Eberhard von Frankenberg und Ludwigsdorff, dessen Überleben bei seinem spektakulären Unfall im Jahr 1956 als Wunder gegolten hatte:

Auf der Berliner AVUS war er mit einem Porsche 550 Spyder über eine Steilwand hinausgeflogen, wurde aus dem Auto geschleudert und überstand den Crash ohne schwere Verletzungen.

**Huschke von Hanstein**, der Sohn eines Großunternehmers, geboren am 3. Januar 1911 in Halle an der Saale, ist zunächst mal ein guter Rennfahrer. 1950 kontaktiert er Porsche, im September 1951 fährt er für die Stuttgarter. 1952 wird er Rennleiter und PR-Chef. Er erweist sich als perfekter Propagandist: So schanzt er Journalisten im Jahr 1963 leicht unscharfe Erlkönigfotos des neuen Porsche 911 zu. Die begeisterten Redakteure berichten natürlich fleißig über das neue Auto. Von Hanstein ist perfekter Weltmann, eleganter Gastgeber und vielsprachiger Markenbotschafter. Er stirbt am 5. März 1996.

**Hans Mezger** (geboren 18. November 1929 in Ottmarsheim) ist einer der Motoren-Päpste bei Porsche. Zunächst studiert er Maschinenbau an der Technischen Hochschule in Stuttgart. 1956 kommt er in die Porsche-Versuchsabteilung und arbeitet an den Motoren für die Formel 2. Es folgen die Konstruktionen der Antriebe von 911, 906, 908, 910, 917, der Can-Am-Rennern, von 935 und 956 – zu Recht erarbeitet sich Mezger den Titel „Vater der Turbomotoren". Sein Meisterwerk wird der Formel-1-Motor für TAG.

**Peter Falk**, geboren in Athen am 27. November 1932, geht bei Daimler-Benz in die Lehre und studiert danach Maschinenbau. 1959 wird er Versuchsleiter bei Porsche, von 1964 bis 1969 ist er Chef der Rennfahrzeug-Entwicklung. Als solcher ist er auch Beifahrer von Herbert Linge – das Duo pilotiert 1965 den nagelneuen Porsche 911 auf den 5. Gesamtrang der Rallye Monte Carlo und zum Klassensieg in der GT-Klasse, obwohl die Fahrt mit dem fast serienmäßigen Auto eigentlich nur ein Marketing-Gag sein soll. Nach diversen Stationen, unter anderem als Porsche-Rennleiter, wird er 1988 Chef der Fahrwerksentwicklung. 1988 zieht er sich in den Ruhestand zurück. Sein Erbe: Die Entwicklung zur Serie von 928, 944, 964 Turbo und 968 sowie die Einsätze von 956/962, 959 und des US-Monoposto 2708 CART.

**Anatole Carl Lapine** (geboren am 23. Mai 1930 in Riga) wird 1969 als Nachfolger von Erwin Komenda Designchef bei Porsche und prägt bis 1988 das Auftreten der Sportwagen aus Zuffenhausen. So ist er verantwortlich für die Transaxle-Modelle 924, 928 und 944, für die G-Serie des 911, für das Verschwinden von Chrom bei Porsche, für mattschwarze Fensterrahmen und den berühmten, von fettem Gummi umrahmten Heckspoiler des Porsche 911 Turbo. Gelernt hat Lapine Autoschlosser – als junger Mann arbeitet er bei Mercedes in Hamburg. Es zieht ihn aber nach Detroit, wo er an der Corvette mitarbeiten kann, und so kommt er über Opel zu Porsche. Er stirbt am 29. April 2012 in Baden-Baden.

**Harm Lagaay** wird am 28. September 1946 in Den Haag geboren. Der Designer beginnt seine Karriere bei Simca, seit 1971 arbeitet er in Weissach bei Porsche. Sechs Jahre lang bleibt er dort und formt behutsam den 911 um, arbeitet außerdem an 924 und 928. 1977 geht er zu Ford, bevor er 1985 Chefdesigner bei BMW wird. Im Januar 1989 zieht es ihn zurück zu Porsche, wo er die Hauptabteilung „Style Porsche" leitet. Damit ist er verantwortlich für alle Porsche-Modelle. Bis auf eine Ausnahme wird seine Arbeit gelobt – er ist für das „Spiegelei" beim Porsche Typ 996 verantwortlich (wenig schmeichelhafter Spitzname für die Form der Frontscheinwerfer). Nach 15 Jahren, Mitte 2004, macht er seinem Nachfolger Platz.

**Michael Mauer**, am 28. Juli 1962 in Rotenburg an der Fulda geboren, ist Nachfolger von Harm Lagaay und aktueller Porsche-Designchef. Der studierte Automobildesigner beginnt seine Karriere bei Mercedes in Stuttgart, wird Studioleiter in Japan, Chefdesigner bei Smart und Designboss bei Saab, bevor er ab 2004 fürs Porsche-Design verantwortlich ist. Seit Ende 2015 ist Mauer zusätzlich Leiter des Konzernbereiches Design der Volkwagen AG.

Kapitel 3

# Aufbau in Stuttgart

1950–1959

*Zweimal 356 Cabrio: Das hintere Auto hat die geteilte Windschutzscheibe, das vordere die „Knickscheibe" von 1952.*

*Die Porsche-Villa in Stuttgart*

Anfang 1950 lässt sich Porsche wieder in Deutschland nieder. Erstes Domizil der Firma Porsche in Deutschland ist die Porsche-Villa, weil US-Soldaten wegen des Korea-Krieges noch das Werk I besetzt halten und es für ihre Zwecke nutzen. Die am 26. November 1949 neu gegründete „Porsche Konstruktionen GmbH" mietet eine 600 Quadratmeter große Halle der „Karosseriewerke Reutter & Co. GmbH" in Stuttgart-Zuffenhausen. Porsche beauftragt Reutter sogleich mit dem Bau von 500 Karosserien – der echte Serienbau mit Stahlkarosserien beginnt.

Am 6. April ist der erste Stuttgarter 356 fertig, wegen seiner hellgrauen Lackierung erhält er den Spitznamen „Windhund". Zunächst stellt Porsche 33 Wagen pro Monat her – insgesamt werden es 369 Stück im Jahr 1950. Ende des Jahres gründet Ferdinand Porsche die „Dr. Ing. h. c. F. Porsche KG" mit einem Anfangskapital von 25.000 Mark. Hauptgesellschafter sind Ferdinand Porsche und Albert Prinzing. Verkaufsgenie Max Hoffmann schafft es bereits in diesem Jahr, die ersten Porsche in Amerika an den Mann zu bringen.

1951 fahren über die Straßen der jungen Republik bereits 2,5 Millionen Autos – Grund genug, das Kraftfahrtbundesamt zu

Den Auftrag zum Bau der Stuttgarter 356er-Karosserien erhält das benachbarte Karosseriewerk Reutter.

gründen und die Hauptuntersuchung einzuführen. Ein Liter Benzin kostet 64,5 Pfennige, und die Menschen staunen über einen gewissen Luigi Fagioli – der ist 53 Jahre alt und gewinnt den Grand Prix von Frankreich. Nie wieder wird ein GP-Sieger älter sein. Professor Ferdinand Porsche fährt am 30. Januar 1951 aufgrund der Folgen eines Schlaganfalles von Stuttgart in den Himmel, August Horch folgt ihm am 3. Februar.

Im Mai 1951 lässt die Firma Porsche die Umrüstung auf Rechtslenker untersuchen, um auch in Großbritannien, Indien und Australien Autos verkaufen zu können. Die Umrüstkosten betragen nach ersten Schätzungen 1000 Mark pro Auto, tatsächlich werden es nur 500 Mark. Am 28. August 1951 wird bereits der 1000. Porsche gebaut. Im gesamten Jahr werden es 1103 Stück. Da ist die Firma 214 Mann stark, der Umsatz beträgt zwölf Millionen Mark. Und Porsche baut den ersten Viersitzer auf Basis des 356. Es bleibt aber bei einer Studie.

In den folgenden Jahren kommt Fahrt in die Autobranche: 1952 erhält der Ingenieur Bela Barényi ein Patent auf die Knautschzone, die Reifenmarke Continental bringt den ersten Matsch+ Schnee-Reifen, Spielehersteller ASS erfreut die Kids mit dem ersten Autoquartett in Deutschland. Die Firma Porsche freut sich im Frühjahr über zwei Eigner von 1100-Modellen, die ohne Motor- und Kolbenwechsel 100.000 Kilometer erreicht haben. Sie erhalten je eine goldene Armbanduhr.

Ein Genie zu Lande, zu Wasser und in der Luft: Ferdinand Porsche

*Das Werk 2 – nach dem Architekten „Gutbrod-Bau" genannt – entsteht, weil die alliierten Streitkräfte noch das Werk 1 benötigen.*

Am 15. Oktober 1952 stellt Porsche das Modelljahr 1953 vor – jetzt mit von VDM produziertem Zweispeichenlenkrad. Es trägt erstmals das Porsche-Wappen. Etwa ab April 1952 ist die Frontscheibe einteilig. Das erste vollsynchronisierte Porsche-Getriebe Typ 519 wird auf dem Genfer Salon vorgestellt und geht noch im selben Jahr in Serie. Zudem beginnt die Entwicklung des Fuhrmann-Motors, Typ 547, der das Erbe des Cisitalia-Motors darstellt. Auf jeder Zylinderbank wird eine Nockenwelle direkt durch Königswellen angetrieben.

*Zum Rennen geboren: der Fuhrmann-Motor*

Auch der erste Porsche-Club wird in diesem Jahr gegründet: der „Westfälische Porsche Club Hohensyburg". Und 1952 ist auch Porsches Werk 2 fertig, gelegen gegenüber dem Werk 1 und vom renommierten Stuttgarter Architekten Rolf Gutbrod entworfen. Jetzt ist Platz für Expansion.

1953 werden alle Tempolimits in der jungen Republik abgeschafft – dafür wird erkannt, dass betrunkene Autofahrer ein Risiko für alle sind. Folgerichtig wird die erste Promille-Grenze eingeführt. Sie fällt mit einem Wert von 1,5 Promille für heutige Maßstäbe allerdings recht moderat aus. Auf dem Pariser Salon steht der Porsche 550 Spyder – ein Rennwagen mit Straßenzulassung und damit eine weitere Einnahmequelle.

1954 führt Duisburg die ersten „Parkographen" ein, die später als „Parkuhren" die gesamte Autofahrernation nerven und vor allem ausbeuten. Am 6. Juli – zwei Tage nach ihrem 3:2-Sieg gegen Ungarn in Bern – werden die deutschen Fußballweltmeister in München gefeiert, und zwar mit dem ersten Autokorso der Bundesrepublik. Leider ist nicht überliefert, wie viele Porsche daran teilnehmen.

*Das Programm auf dem Pariser Salon, 1953: Der 550 Spyder steht gleichsam im Schmuckkästchen neben offenem und geschlossenem 356.*

Porsche baut inzwischen den fünftausendsten Wagen, und Max Hoffmann verkauft elf Porsche pro Woche in den USA – etwa 30 Prozent der Porsche-Produktion.

Hoffmann bewirbt das Auto als „das deutsche Autojuwel". Im gesamten Jahr wird er 588 Porsche los. Das liegt auch daran, dass er die „America-Modelle" abspeckt und günstig anbietet. Zu Hause bietet VW-Chef Nordhoff Ferry Porsche an, Chef-Ingenieur bei VW zu werden. Die Bedingungen: Auflösung der Porsche-Konstruktionsabteilung und Auflösung der Firma. Ferry Porsche lehnt ab. Die Bundeswehr lehnt allerdings auch dessen fertig entwickelten Geländewagen Typ 597 ab. Er ist das Ergebnis einer Ausschreibung des Vorjahrs. Nur rund 70 „Porsche Jagdwagen" entstehen.

1955 wird die Autobranche verheerend getroffen von zwei schlimmen Ereignissen: Am 11. Oktober passiert die größte Motorsport-Katastrophe aller Zeiten – das Desaster bei den 24 Stunden von Le Mans mit 85 Toten. Für viele nicht weniger dramatisch ist der Unfalltod des aufstrebenden Jungschauspielers James Dean am 2. Oktober in Kalifornien – ausgerechnet in seinem Porsche 550 Spyder, den er „Little Bastard" getauft hat. Dean stirbt – schuldlos am Crash – noch am Unfallort, sein deutscher Kopilot überlebt schwer verletzt.

*Ein Rennwagen auf der Straße: Hollywood-Legende James Dean tauft seinen 550 Spyder „Little Bastard".*

Aber das Geschäft geht weiter: „Continental" wird als Bezeichnung in den USA für die schwächeren 1500er-Modelle eingeführt. Max Hoffmann fordert für die USA ein leichtes Modell unter 3000 Dollar – den Speedster, eine Mischung aus Cabrio und American Roadster. Und der berühmte „Carrera"-Schriftzug prangt erstmals auf einem Porsche: Es ist ein 356 des Modelljahres 1956, der mit dem Fuhrmann-Motor ausgestattet ist. 1955 wird in den USA die „Porsche of America Corporation" gegründet. Ziel ist ein eigenes Vertriebsnetz. Am 1. Dezember 1955 übergeben die Amerikaner der Firma endlich ihr Zuffenhausener Werk 1.

*Der Porsche-Jagdwagen ist ausnahmsweise nicht erfolgreich.*

1956 ist Deutschland weltweit größter Auto-Exporteur, und die ersten Autoreisezüge rattern durch das Land. Am 1. Juli wird das heute noch gültige System der Kfz-Kennzeichen eingeführt. Am 16. März läuft bei Porsche schon der zehntausendste Wagen vom Band, ein 356 A Coupé. Außerdem wird das 25. Firmenjubiläum gefeiert. Und Porsche wächst und wächst weiter: In diesem Jahr baut Porsche insgesamt 4269 Einheiten – mehr als 75 Prozent davon werden exportiert.

Aber die Konkurrenz ist groß – 1957 fertigen allein in Deutschland 18 Hersteller Autos aller Art. Nicht jeder kommt mit dem wachsenden Verkehr klar: Mit 35 Unfalltoten pro Tag belegt die Bundesrepublik einen traurigen Spitzenplatz in Europa. Unter anderem deshalb beschließt der Bundestag am 3. Juli ein Tempolimit von 50 Stundenkilometern innerhalb von Ortschaften. Damit ist die beschränkungslose Zeit in der Bundesrepublik vorbei.

Vorbei ist auch das „Privileg" der deutschen Ehemänner, ihren Frauen verbieten zu dürfen, den Führerschein zu erlangen. Porsche baut in diesem Jahr sagenhafte 5158 Autos, auch die letzten Speedster: Insgesamt werden es 4722 Stück. Das Experiment Viersitzer geht weiter: Die Karosseriefirma Beutler aus Thun in der Schweiz baut fünf Karosserien Typ 696 für den 356er, aber zur Serie kommt es nicht – das wäre zu teuer. In Stuttgart beginnen Ingenieure mit dem Entwurf des 356-Nachfolgers. Der heißt zunächst Typ 695. Zu diesem Zeitpunkt tritt Ferdinand Alexander „Butzi" Porsche in die Firma ein: Der 22 Jahre alte Sohn von Ferry ist da bereits Absolvent der Hochschule für Gestaltung in Ulm. Ein Jahr später streitet er sich mit dem altgedienten Karosseriespezialisten Erwin Komenda um die Form des neuen Porsche.

1958 nimmt die Verkehrssünderkartei ihre Arbeit auf. Das ist fast so schlimm wie das, was Formel-1-Rennfahrer Manuel Fangio in Havanna widerfährt: Der Star wird für 28 Stunden von Rebellen entführt, die damit die Armut im Land anprangern wollen. Die Bundesrepublik wird mit 1,3 Millionen neu produzierten Autos (allein VW stellt etwa 600.000 Stück her) zweitgrößter Produzent der Welt nach den USA. Porsche bietet als Ersatz für den Speedster das Convertible D aus dem Karosseriewerk Drauz in Heilbronn an. Das Auto besitzt eine höhere Frontscheibe mit Chromrahmen. Vorteile: mehr Platz, bessere Sicht.

Der VW-Beutler hat anfangs nur 31 PS – bis er dank 356er-Motor und Porsche-Bremsen zum viersitzigen Porsche mutiert.

Am 15. Februar 1959 verfolgt die Düsseldorfer Polizei Temposünder mit Radarmessungen – die ersten in Deutschland. Städte werden zugunsten des Motorverkehrs „autogerecht" umgeplant. Porsche baut 7100 Autos, 72 Prozent gehen in den Export: Die USA sind das wahre Porsche-Land – besonders Kalifornien. 1959 gibt Max Hoffmann den Alleinvertrieb für Porsche in den USA auf, die Porsche of America Corporation übernimmt Verkauf, Service und Marketing im Namen der Porsche KG.

Auf der IAA zeigt Porsche den 356 B – Porsches erstes Modell wird erwachsen. Der Nachfolger des A ist gut zu erkennen an den höher gesetzten Scheinwerfern. Innen werden ein neues Lenkrad aus schwarzem statt aus weißem Kunststoff und ein kürzerer Schalthebel spendiert. Rund 6400 B werden insgesamt verkauft. Mit dem Typ 695 – auch als 754 T7 bekannt – formt Ferrys Sohn Butzi Porsche bereits jetzt einen frühen 911-Vorläufer.

Oben: Liebling der Saison: Mit Beginn der 1960er Jahre begeistert der 356 B sowohl als Coupé als auch als Cabrio.
Links: „Butzi" Porsche mit Entwürfen zum Nachfolger des 356 – der war Anfang der 1960er Jahre ausgereizt.

*Wintersport-Wagen: Wer sich's Anfang der 50er leisten kann, fährt mit dem Porsche zum Skifahren.*

*Schick: Die Dame von Welt fährt den neuen 356 Speedster.*

## Porsche 356/2, 356 1100, 356 1300, 356 1300 Super, 356 1500, 356 1500 Super

Vom 40 PS starken 356/2, in Gmünd gebaut, entstehen 52 Exemplare – die Preise von 14.500 Schweizer Franken für das Coupé und 16.500 Schweizer Franken für das Cabrio sind durchaus selbstbewusst gewählt. Im April 1950 beginnt bei Reutter in Stuttgart die eigentliche Serienherstellung des Porsche 356-Urmodells, womit der Namenszusatz „/2" wegfällt. Die Herstellung einer Karosse dauert 530 bis 550 Mannstunden.

Sowohl Coupé als auch Cabrio bestehen nun aus Ganzstahl. Kein Wunder: Stahl ist günstiger als Aluminium – Front- und Motorhaube kosten in Stahl 75 und 50 Mark, in Aluminium 140 respektive 85 Mark. Die Karosserie sitzt auf einem Kastenrahmen. Preis der ersten deutschen Porsche-Coupés: rund 10.000 Mark, ein Cabrio kostet gut 2000 mehr. Ab April 1951 bietet Porsche seinen 356 mit einem 1,3-Liter-Vierzylinder-Boxer an. Größte Unterschiede zum 1100er: vier PS mehr, was die Sprint-Zeit von 24 Sekunden auf 22 Sekunden senkt. Die Höchstgeschwindigkeit steigt um fünf km/h.

*Erstauflage: 52 Porsche entstanden in Gmünd, bevor es nach Stuttgart ging.*

Leicht zu erkennen sind die frühen 356er an der geteilten Windschutzscheibe (etwa bis April 1952). Ab 1953 gibt es den 1300er auch als 60 PS starken „Super" für 13.500 (Coupé) bzw. 15.500 Mark (Cabriolet). Obwohl das Gewicht um je 40 Kilogramm wächst, werden die Fahrleistungen wesentlich verbessert: der Super 1300 rennt schon 160 km/h und braucht nur noch 17 Sekunden für den Sprint auf 100 km/h. Insgesamt werden 7627 Stück dieser Modelle gebaut. 1954 wird der Motor in den 1500er-Modellen noch stärker: Jetzt arbeiten 70 PS im Heck.

| Technische Daten | Porsche 356/2, 356 1100, 356 1300, 356 1300 Super, 356 1500, 356 1500 Super |
|---|---|
| **Bauart** | Coupé, Cabrio |
| **Baujahr** | 1949–1955 |
| **Motor** | Vierzylinder-Boxer |
| **Hubraum** | 1086–1488 cm³ |
| **Leistung** | 40–70 PS |
| **Getriebe** | Viergang-Handschalter |
| **Antrieb** | Hinterräder |
| **Gewicht** | 770–840 kg |
| **$V_{max}$** | 140–175 km/h |

## Porsche 356 1500 S American Roadster, 356 1500 Speedster S

Explizit für den amerikanischen Markt baut Porsche 1953 den 356 1500 Super als „American Roadster" (Foto). Das bedeutet vor allem weniger Gewicht: Mit 605 Kilo ist der Sportwagen extrem leicht. Erreicht wird das durch eine dünne Aluminiumkarosserie, Türausschnitte, leichte Steckscheiben und ein sehr leichtes Notverdeck. Die 70-PS-Maschine verhilft dem Wagen zu einem Top-Tempo von 177 km/h.

Das spartanische Autochen ist speziell für den Einsatz im Rennsport konzipiert und der Vorläufer des 356 Speedster: Max Hoffmann hat früh verstanden, dass Sportwagen wie TR2, Austin-Healey 100 und die Corvette von Chevrolet dem Porsche das Benzin abgraben. So regt er einen besonders leichten Serien-Porsche an, der letztlich nicht mehr als 3000 Dollar kosten soll. Die Idee: Ein Mix aus Cabrio und American Roadster. Für das Ergebnis, den 770 Kilo leichten Speedster, behalten die schwäbisch sparsamen Porscheaner die Codenummer des American Roadster.

Als Basis dient das Cabrio, der Fondraum wird verkürzt, die Windschutzscheibe ist flach und gebogen, das Dach nicht mehr als ein Notverdeck. Die Scheiben sind nur noch gesteckt. Der Basis-Speedster erhält den 1500er-Motor, für 500 Dollar Aufpreis gibt es das S-Pack (Deutschland: plus 1100 Mark). Im Herbst 1954 werden die ersten Wagen ausgeliefert – in Emailfarben statt Lack. Außer Platzproblemen haben die Tester nichts auszusetzen. Mehr als 4000 Stück werden gebaut.

| Technische Daten | Porsche 356 1500 S American Roadster, 356 1500 Speedster S |
|---|---|
| **Bauart** | Roadster, Speedster |
| **Baujahr** | 1952–1955 |
| **Motor** | Vierzylinder-Boxer |
| **Hubraum** | 1488 cm³ |
| **Leistung** | 55–70 PS |
| **Getriebe** | Viergang-Handschalter |
| **Antrieb** | Hinterräder |
| **Gewicht** | 605–811 kg |
| **$V_{max}$** | 153–177 km/h |

## Porsche 356 A 1300, 356 A 1300 Super, 356 A 1600, 356 A 1600 Super

Nach einem großen technischen Facelift nennt Porsche – zur Abgrenzung von der ersten 356er-Serie – die Nachfolger „A". Die Autos sind vor allem erkennbar an der gewölbten Panorama-Windschutzscheibe. Es entstehen bis 1957 noch ein paar hundert Exemplare als normale Modelle und als „Super" mit dem 1300er-Motor, die technischen Daten und die Fahrleistungen ändern sich nicht. Zum Schluss kostet so ein 1300er A als Coupé 11.400 Mark, teuerstes Modell ist das Super Cabriolet mit 14.700 Mark.

Ab 1955 wird Porsche noch sportlicher: Im Angebot ist ein 1600er-Motor mit 1582 Kubik Hubraum. In der normalen Ausführung leistet er 60 PS, als „Super" 75, was die Fahrleistungen noch einmal wesentlich verbessert. In 15 Sekunden sprintet das Auto auf 100 km/h, erst bei 175 km/h ist Schluss. Interessant ist die Karosserie-Politik: Von Anfang an sind Coupé, Cabriolet und Speedster im Portfolio, 1957 kommt das Hardtop-Cabriolet hinzu.

1958 löst das Convertible D den Speedster ab, wobei das „D" für die Karosseriefirma Drauz steht. Es ist längst nicht so beliebt wie der Speedster. Insgesamt werden vom Porsche 356 A (inklusive der 1300er und der Carrera) 21.045 Autos gebaut. Top-Modell in Sachen Karosserie mit einem Preis von 15.750 Mark (zum Schluss im August 1959) ist das Hardtop-Cabriolet.

| Technische Daten | Porsche 356 A 1300, 356 A 1300 Super, 356 A 1600, 356 A 1600 Super |
|---|---|
| **Bauart** | Coupé, Cabrio, Speedster |
| **Baujahr** | 1955–1959 |
| **Motor** | Vierzylinder-Boxer |
| **Hubraum** | 1290 und 1582 $cm^3$ |
| **Leistung** | 44–75 PS |
| **Getriebe** | Viergang-Handschalter |
| **Antrieb** | Hinterräder |
| **Gewicht** | 860–905 kg |
| $V_{max}$ | 145–175 km/h |

## Porsche 356 A 1500 GS Carrera, 356 A 1600 GS Carrera

„Carrera" nennt Porsche die Modelle mit der stärksten Motorisierung – Pate ist das Langstrecken-Straßenrennen „Carrera Panamericana". Den ersten Carrera gibt es als Coupé, als Cabrio und als Speedster. Er besitzt den 1,5-Liter-Viernockenwellen-Motor, der von Dr. Ernst Fuhrmann entwickelt worden ist. 1958 wird der Hubraum auf 1600 Kubik vergrößert.

In Sachen Ausstattung bietet Porsche den Wagen als „normal", als „De Luxe" und als „Gran Turismo" an – der GT ist jeweils um zehn PS stärker. „GS De Luxe" und „GS GT" gibt es allerdings erst ab 1957, sie werden bis 1958 gebaut – ein Jahr länger als die Basisversion.

Die Preise sind gepfeffert: Zunächst beginnt ein 1500er Carrera-Coupé im September 1955 bei 17.700 Mark, für das Hardtop-Cabriolet als Carrera 1600 De Luxe muss man im August 1959 schon 20.490 Mark hinlegen. Der 1600er GS Carrera ist von 1958 bis 1959 in allen drei Karosserieformen als de Luxe erhältlich, beim GT fehlt das Coupé.

| Technische Daten | Porsche 356 A 1500 GS Carrera, 356 A 1600 GS Carrera |
|---|---|
| **Bauart** | Coupé, Cabrio, Speedster |
| **Baujahr** | 1955–1959 |
| **Motor** | Vierzylinder-Boxer |
| **Hubraum** | 1498 und 1588 $cm^3$ |
| **Leistung** | 100–115 PS |
| **Getriebe** | Viergang-Handschalter |
| **Antrieb** | Hinterräder |
| **Gewicht** | 835–950 kg |
| **$V_{max}$** | 200 km/h |

**Porsche 356 B 1600, 356 B Super 75, 356 B Super 90**

1959 überarbeitet Porsche die 356er-Serie. Um die stark facegelifteten Modelle vom Vorgänger abzugrenzen, erhalten sie ein „B" als Namenszusatz. Sie unterscheiden sich vor allem durch eine andere Linie der vorderen Kotflügel, durch höher eingesetzte Scheinwerfer, durch Lufteinlässe vorne zur Kühlung der Trommelbremsen und – zumindest beim Super 90 – durch eine überarbeitete Hinterachse gegen starkes Übersteuern. Ab 1962 baut Porsche in die Motorhaube zwei Kühlergitter ein.

Der normale 1600er kommt mit 60 PS, sein stärkeres Pendant mit 75 PS, der Super 90 bei gleichem Hubraum von 1582 Kubik mit 90 PS. Der Super 90 sprintet von 0 auf 100 km/h in 15 Sekunden. Der Roadster ist der Nachfolger des Convertible D, er wird nur bis 1962 gebaut. Das „Hardtop"-Modell ist ein Cabrio mit fest verschweißtem Hardtop. Dadurch ändert sich vor allem die hintere Dachlinie eklatant, so dass der 356 fast aussieht wie ein Stufenheck-Sportler.

| Technische Daten | Porsche 356 B 1600, 356 B Super 75, 356 B Super 90 |
|---|---|
| **Bauart** | Coupé, Cabrio, Hardtop-Coupé, Roadster |
| **Baujahr** | 1959–1963 |
| **Motor** | Vierzylinder-Boxer |
| **Hubraum** | 1582 $cm^3$ |
| **Leistung** | 60–90 PS |
| **Getriebe** | Viergang-Handschalter |
| **Antrieb** | Hinterräder |
| **Gewicht** | 875–935 kg |
| **$V_{max}$** | 160–180 km/h |

## Porsche 356 B 1600 GS Carrera GT, 356 B 2000 GS/GT (Carrera 2)

Die sportlichste Version unter den B-Modellen des 356 ist zunächst der 115 PS starke 1600 GS Carrera GT. Im Heck steckt der Motor Typ 616 mit 1582 Kubik. Er katapultiert den 900 Kilogramm schweren Wagen (bis 1961 nur als Roadster zu haben, ab September 1961 nur als Coupé und Cabrio) in elf Sekunden auf 100 km/h, die Höchstgeschwindigkeit beträgt 200 km/h.

1962 lösen der 356 B 2000 GS und der 356 2000 GS GT (Carrera 2) den Vorgänger ab. Deutlichste Neuerung: Im Heck steckt jetzt ein Zweiliter-Boxer, der 130 PS leistet. Die Rennausführungen (GT) erhalten bis zu 155 PS, unter anderem dank Weber- statt Solex-Vergasern, Nockenwellen mit steilerem Hub und weich nitrierter Pleuel. Der GT besitzt serienmäßig ein Sperrdifferenzial, beim GS kann es auf Wunsch geordert werden. Die GT-Ausführungen sind deutlich leichter etwa dank Hauben aus Leichtmetall, viel Verwendung von Plexiglas und fehlender Rücksitze.

| Technische Daten | Porsche 356 B 1600 GS, 356 B 2000 GS/GT (Carrera 2) |
|---|---|
| Bauart | Coupé, Cabrio, Roadster |
| Baujahr | 1960–1964 |
| Motor | Vierzylinder-Boxer |
| Hubraum | 1587 und 1966 cm³ |
| Leistung | 115 und 130 PS |
| Getriebe | Viergang-Handschalter |
| Antrieb | Hinterräder |
| Gewicht | 900–1040 kg |
| $V_{max}$ | 200 km/h |

# Das Reich des Rudi Klein

Rudi Klein war ein wenig wundersam. Wer eine Verabredung mit ihm auf seinem genialen Schrottplatz hatte, konnte nicht sicher sein, sein Reich auch bewundern zu dürfen. Wohl unter anderem deshalb, weil ihm viele seinen Erfolg neideten. Der sparsame Ex-Metzgergeselle fürchtete, immer wieder belogen, betrogen und bestohlen zu werden. Wer wissen wollte, wie Rudi tickte, musste vertrauenswürdig, freundlich, nachsichtig und geduldig sein – dann gab es eine leichte Chance, seine Firma „Porche Foreign Auto Car Dismantling" an der 8935 Alameda Street im damals düsteren Stadtteil Florence in South Central Los Angeles betreten zu dürfen.

Dass über dem nur schwer unüberwindlichen Eingang „Porche" stand, erklärte Klein wahrheitsgemäß mit der Tatsache, dass die Firma Porsche es noch nie mochte, wenn man ihren Namen in irgendeiner Art und Weise für fremdes gewerbliches Wirken nutzte. Aber gegen „Porche" konnte ja niemand etwas einwenden. Rudi Klein dachte eben praktisch. Musste er auch, bei einem Besitz von 16.000 Quadratmetern voller Edel-Schrott – Limousinen, Cabrios, Coupés. Rund 5000 zerknautschte Autos besaß er, 2000 davon waren Porsche.

Eine Abordnung davon begrüßte einen gleich hinter dem bestens sichtgeschützten Eingang: Rund 60 von Kleins insgesamt 200 verknitterten Porsche 356er waren in einem dreistöckigen Regal untergebracht. Versonnen schritt er gerne sein gigantisches Motorenregal ab und gab dem Porsche-Originalmotor aus einem 1300er von 1951 einen Klaps. Für einen Fuhrmann-Motor, damals vielleicht 30.000 Mark wert, verlangte Klein je nach Tagesform bis zu 60.000 Mark.

Passte ihm die Nase eines Interessenten nicht, schlug sich das eben entweder im Rausschmiss oder im Preis nieder. Stolz war Klein auch auf seinen ersten, im Jahr 1967 gebauten 911 S Targa, den er ausnahmsweise doch noch restaurieren wollte – vielleicht aber auch nicht. Der Rest seiner Porsche-Welt lag inmitten des Abfalls der Schönen und Reichen, deren Talent wohl manchmal schlicht nicht ausgereicht hatte, um ihre Schätze unfallfrei durchs Leben zu bringen.

Klein hatte nie eine „Sammlung" in klassischer Ausprägung im Sinn – er hortete einfach das, was andere wegwarfen. Einst hatte der gebürtige Rüsselsheimer in Hamburgs Nobelstadtteil Blankenese Wurst an Graf Luckner und die Familie Reemtsma geliefert, bis ihn sein Wander-Drang im Alter von 25 Jahren zunächst nach Kanada führte. Dort arbeitete er als Schlachter in einem Supermarkt, später ging er in die USA. Dort kaufte er 1968 den ersten Unfallwagen, einen Mercedes 300 SL. Schnell erwarb er weitere Unfallautos deutscher Herkunft – ergattert von Versicherungen oder bei Versteigerungen. Für'n Appel und 'n Ei. Zu jener Zeit interessierte sich kaum jemand für solche Luxusautos oder Teile davon.

1971 eröffnete er mit einem Freund eine Autoverwertung. Für Kaffeekassenbeträge sicherte er sich Auto um Auto. Auch ausgelutschte Vorkriegsautos, oft einst von hohen US-Militärs aus Europa in die Staaten mitgebracht, fanden nirgends mehr Beachtung – nur bei Rudi Klein. Besonders in Zeiten der ersten Ölkrise 1974 sicherte er sich großvolumige und teure Autos. Kaum war die Ölkrise vorbei, konnte Klein seine Schätze mit satten Gewinnen wieder verkaufen. Und als in den achtziger Jahren der große Oldie-Boom begann, schlug Kleins Stunde vollends.

Rudi Klein starb am 21. Oktober 2001 im Alter von 65 Jahren an Herzversagen. Seine vielen Wünsche wie zum Beispiel den Aufbau eines „Unfall-Museums" mit Polizeiwagen, Hindernissen und viel Schrott konnte er nicht mehr verwirklichen. Der Großteil seines Erbes ist in alle Winde verstreut.

So einen Porsche-Schrottplatz wird es nie mehr geben.

Kapitel 4

# Der Siegeszug des 911

1960–1969

Der „Butzi-Wagen", Typ 754 T7, war 1961 der Versuch eines viersitzigen Sportwagens – und ebnete den Weg zum 911.

Neues Modell, neuer Motor für die Straße: Der Zweiliter-Sechszylinder-Boxer treibt den Elfer an, der ja erst noch 901 heißt.

1960 besitzen bereits sechs Prozent aller Deutschen ein Auto, rein statistisch verbraucht jeder pro Woche 19 Liter Benzin. Die Kosten eines Autos machen immerhin ein Zwanzigstel des Haushaltsbudgets der Durchschnittsfamilie aus. Ab 1960 zahlt Porsche als Weihnachtslohn ein volles Monatsgehalt, außerdem wird der Lohn im Krankheitsfall fortgeführt. Als Prototyp 754 rollt erstmals der „Butzi-Porsche", der als Nachfolger des 356 gedacht ist. Im Heck sitzt der geniale Königswellen-Motor.

Die zunehmende Straßen- und Verkehrsdichte in Deutschland fordert ihren Tribut: 1961 sind 2600 Autobahnkilometer nutzbar, aber 14.500 Menschen sterben bei mehr als einer Million Unfällen, 340.000 Verletzte sind zu beklagen. Damit wenigstens die Autos sicherer werden, wird die TÜV-Plakette eingeführt. Der Gesetzgeber verbietet zudem hinten angeschlagene Türen, weil der Fahrtwind sie aufreißen könnte. Das ficht Porsche nicht weiter an – die Firma kümmert sich eher um die ersten Titanpleuel für ihre Motoren. Im Dezember beginnt die Entwicklung eines Sechszylinder-Boxermotors. F.A. Porsche wird Leiter der Porsche-Stylingabteilung und zeichnet die letztendliche 911-Form.

*Letzte Ausbaustufe: Die dritte Generation des 356 trägt ein C im Namen.*

1962 hat bereits ein Viertel aller Autos ein Radio. VW stellt die ersten „Gastarbeiter" aus Italien ein, für sie wird ein „italienisches Dorf" errichtet. Bei Porsche verlässt das 50.000. Exemplar das Werk. Die Tagesproduktion beträgt 50 Stück. Neues Spitzenmodell ist der 2000 GS Carrera 2 mit 130 PS, die GT-Variante hat dank Sportauspuff sogar 155 PS. Im Mai bekommt der neue Porsche seinen Namen: 901 – nur der Neuner-Block ist im Ersatzteilsystem von Volkswagen noch frei. Es werden 13 Vorserienautos gebaut. Rund 15 Millionen Mark hat Porsche in die Entwicklung gesteckt – sehr viel Geld zu diesem Zeitpunkt.

Auf der IAA im September 1963 feiert der Porsche 901 als 356er-Nachfolger öffentliche Premiere. Neu sind außer dem Design der Motor und die Schräglenker-Hinterachse. Die Produktion beginnt erst 1964. Der Name bleibt aber nicht lange bestehen: Nach gut 80 Exemplaren wird er in „911" geändert, weil Peugeot interveniert. Die Franzosen haben sich die Rechte an Autobezeichnungen mit einer Null in der Mitte gesichert.

Der parallel zum 911 noch gebaute Porsche 356 C als Nachfolger des B bekommt als erstes Fahrzeug hinten Scheibenbremsen mit integrierten Trommeln als Feststellbremse. Ganz neu ist die Machart des Rennwagens, den Porsche am 26. November präsentiert: Der Carrera GTS, Werkscode 904, ist der erste Porsche mit Plastikkarosserie. Neu ist auch der Leiter des Motorenversuchs: Ferdinand Piëch, ein Neffe Ferry Porsches, macht den neuen 911er-Sechszylinder standfest.

*IAA-Star: Der neue Porsche sorgt 1963 für Aufsehen.*

*„Sturmvogel": 1963 ist der 901-Prototyp Nummer eins fertig. Autorin Thora Hornung posiert am Steuer vor der Kulisse des Elfer-Vorläufers 356 C.*

Am 1. Juni 1964 bekommen Fußgänger erstmals vor Autos den Vorrang, wenn sie auf einem Zebrastreifen die Straße überqueren. Etwa zur gleichen Zeit hält die Datenverarbeitung Einzug in die Ampelregelung. Der erste elektronische Verkehrsrechner Deutschlands steht im Schaltamt Berlin-Wilmersdorf. Im „Ländle" übernimmt Porsche in diesem Jahr den Karosseriebau samt Arbeitern von der benachbarten Firma Reutter & Co. GmbH, zahlt dafür sechs Millionen Mark und nennt es „Karosseriewerk Porsche GmbH". Reutter hat bislang die 356er-Karosserien hergestellt, will aber nicht die für den 911 produzieren. Am 27. Oktober liefert Porsche den ersten 911er aus – und damit beginnt die wohl einmalige Erfolgsgeschichte eines Sportwagens. 1964 baut Porsche insgesamt 10.808 Autos.

In der zweiten Februarhälfte 1965 weht ein Hype durch Deutschland: Pusten. Binnen zweier Wochen werden mehr als zwei Millionen Pusteröhrchen verkauft. Der Boom der Alkohol-Selbstkontrolle dauert allerdings nicht lange. Der Boom auf den nagelneuen Porsche 911 Targa dagegen schon: Das Modell ist das erste deutsche Auto mit einem statischen Überrollbügel. Der Wagen wird auf der IAA vorgestellt – und 40 Prozent aller 911-Kunden werden sich auf Jahre für so einen Targa entscheiden.

Nicht verhindern kann Porsche, dass der Begriff „Targa" (übersetzt: „Schutzschild", entliehen vom Rennwettbewerb „Targa Florio" auf Sizilien) bald auch von anderen Herstellern genutzt wird, die ähnliche Dachkonstruktionen anbieten. Ende 1965

*Der Überrollbügel des Targa ist vor allem Folge der US-Sicherheitsbedenken bei Cabrios.*

*Den Karosseriebau übernimmt Porsche beim 911 selbst.*

wird der letzte Porsche 356 gebaut. Die Garantiekosten der 356er belaufen sich im letzten vollen Verkaufsjahr auf lächerliche 25 Mark pro Auto – der niedrigste Wert in der Porsche-Geschichte. Die technische Hochschule Wien verleiht Ferry Porsche die Ehrendoktorwürde.

Während 1966 jeder dritte Neuwagen auf Deutschlands Straßen noch nicht voll bezahlt ist, weil auf Raten gekauft, zahlen Versicherungen rund 2,5 Milliarden Mark für Blechreparaturen – jedes fünfte Auto wird jährlich in einen Unfall verwickelt. 5000 Schadenfälle werden täglich von Haftpflichtversicherungen bearbeitet.

Jede der knapp 19.000 deutschen Autowerkstätten repariert jährlich 560 Autos. Das spült zwei bis drei Milliarden Mark in die Kassen. Bei Porsche sorgen 911 und 912 für bare Münze: Die Stuttgarter liefern am 21. September den 100.000. Porsche aus, einen 912 für die Polizei. Als Ausrufezeichen liefert Otto Fuchs aus Meinerzhagen die „Fuchs-Felge", das erste geschmiedete Leichtmetallrad für ein Serienauto – natürlich für den 911.

*„Füchse" oder Stahlfelge? Das ist ja wohl keine Frage …*

*Sprechendes Nummernschild: Ansonsten ist nur am Schriftzug auf der Motorhaube zu erkennen, dass es sich um den 912 mit dem Vierzylinder-Boxer aus dem 356 C handelt.*

Der ADAC veröffentlicht im Februar 1967 seine erste Pannenstatistik. Danach stehen frühe Elektronikprobleme ganz oben auf der Liste – gefolgt von Motorschäden. Bosch baut die erste elektronische Benzineinspritzung, die „D-Jetronic". Porsche bietet als erster deutscher Hersteller ein halbautomatisches Vierganggetriebe an, die „Sportomatic". Porsche ist übrigens völlig ausgelastet mit dem Bau von 911 und 912, also sucht man sich für weitere Projekte einen Partner: Volkswagen durchleidet gerade eine Absatzkrise, da passt ein Innovationsschub VW-Chef Nordhoff sehr in den Kram. Per Handschlag vereinbaren Ferry Porsche und Nordhoff: Porsche baut für VW Sportwagen.

1968 beschließt Kalifornien den „Clean Air Act": Es ist der erste US-Bundesstaat, der rigide Abgasvorschriften einführt. Das Luftreinhaltungsgesetz fruchtet: Alle Automodelle, die in Kalifornien neu zugelassen werden, müssen mit einem Abgas-Kontrollsystem ausgestattet werden. Recaro stellt einen der ersten Sitze mit einstellbarer Schulterunterstützung vor.

*911 mit Sportomatic: Bei der Halbautomatik fällt das Kupplungspedal weg.*

*Der 100.000. Porsche geht an die Polizei: Der weiße 912 ist nicht der erste Sportwagen aus Zuffenhausen in Uniform.*

*Enthüllung 1969: Ferdinand Piëch rollt in Genf das Tuch vom sensationellen Porsche 917.*
*Unten: Trauer: 1968 stirbt Karl Rabe, hier rechts neben Ferdinand Porsche, der lange Jahre Chefkonstrukteur war.*

Unterdessen trauert Porsche um einen langjährigen Chefkonstrukteur: Oberingenieur Karl Rabe, beteiligt vor allem an Lastzügen, Flugmotoren, Traktoren, Zugmaschinen und dem VW, stirbt am 28. Oktober bei Stuttgart. Heinrich Nordhoff stirbt mit 69 Jahren in seinem Büro – damit wird der Handschlag-Deal zwischen Nordhoff und Ferry Porsche in Sachen gemeinsamer Sportwagen hinfällig: Nordhoff-Nachfolger Kurt Lotz fühlt sich nicht daran gebunden.

Im Februar 1969 startet der erste Großversuch für reflektierende Nummernschilder in Deutschland, im Juni wird der Deutsche Verkehrssicherheitsrat (DVR) gegründet. Einer der bekanntesten Slogans: „Hallo Partner, danke schön!" Nicht für freundliche Worte, sondern für den harten Rennsport präsentiert Porsche auf dem Stand des Schweizer Automobilclubs beim Genfer Salon 1969 den Porsche 917. Der 912 verabschiedet sich dagegen vom Markt. Im September wird der VW-Porsche 914 auf der IAA vorgestellt. Dafür, dass er unter keinem guten Stern aufwächst, wird er erstaunlich erfolgreich.

*Geburtshelfer Volkswagen: 1969 bekommt der Porsche 911 mit dem 914 einen kleinen Bruder.*

**Porsche 356 C 1600 S, 356 C 1600 SC**

Wie schon von A zu B, so bedient sich Porsche bei der neuesten Ausgabe des 356 des Alphabets und nennt die jüngste Version C. Die Karosserie bleibt erhalten, Felgen und Radkappen aber sind neu. Das liegt an der Einführung von Scheibenbremsen an allen vier Rädern. Bis zu 95 PS reichen für das maximale Höchsttempo vom 185 km/h – Porsche etabliert sich auf der linken Autobahnspur. Der Einstiegspreis beträgt 14.950 Mark für die 75-PS-Basisversion. Als der 356 im Jahr 1965 ausläuft, sind insgesamt 76.300 Stück verkauft – 52.500 Coupés und 23.800 offene Modelle.

| Technische Daten | 356 C 1600 S, 356 C 1600 SC |
|---|---|
| **Bauart** | Coupé, Cabriolet, Hardtop-Cabriolet |
| **Baujahr** | 1963–1965 |
| **Motor** | Vierzylinder-Boxer |
| **Hubraum** | 1582 $cm^3$ |
| **Leistung** | 75 und 95 PS |
| **Getriebe** | Viergang-Handschalter |
| **Antrieb** | Hinterräder |
| **Gewicht** | 935–955 kg |
| **$V_{max}$** | 175–185 km/h |

## Porsche 356 C 2000 GS Carrera 2

Das Top-Modell des 356 C ist die Variante mit dem Zweiliter-Königswellenmotor, satte 130 PS stark. Das Coupé kostet stolze 23.700 Mark, das Hardtop-Cabrio 25.650 Mark. Dafür kann man aber auch die anderen Verkehrsteilnehmer an der Ampel stehen lassen, denn der Sprint mit dem 1020 Kilo (Coupé) leichten Auto gelingt in neun Sekunden. Trotzdem entstehen nur 126 Stück. Kein Wunder, dass die Modelle heute sehr teuer gehandelt werden.

| Technische Daten | Porsche 356 C 2000 GS Carrera 2 |
|---|---|
| **Bauart** | Coupé, Cabriolet, Hardtop-Cabriolet |
| **Baujahr** | 1963–1964 |
| **Motor** | Vierzylinder-Boxer |
| **Hubraum** | 1966 $cm^3$ |
| **Leistung** | 130 PS |
| **Getriebe** | Viergang-Handschalter |
| **Antrieb** | Hinterräder |
| **Gewicht** | 1020–1040 kg |
| **$V_{max}$** | 200 km/h |

## Porsche 904 Carrera GTS

Die Rennsport-Homologation verlangt 100 Exemplare des 904 Carrera GTS, damit er offiziell Rennen fahren darf – Porsche baut sie für Privatfahrer, und das zum sehr günstigen Stückpreis von 29.700 Mark. Es ist kein Problem, die Autos mit dem Carrera-Königswellen-Motor zu verkaufen, so dass noch 20 weitere entstehen. Die ersten zwölf gehen sofort in die USA. Zehn Stück sichert sich das Werk, 25 gehen an Privatiers in Deutschland.

Die Motoren werden auf bis zu 180 PS getunt, für Werkseinsätze werden nicht nur Vierzylinder-Boxer genutzt, sondern auch Sechs- und Achtzylinder-Boxer. Der 904 Carrera GTS ist extrem standfest und deshalb im Rennsport erfolgreich. Es ist gebaut auf einem Kastenrahmen mit Glasfaser-verstärkter Kunstharz-Karosserie und darf auch im Straßenverkehr bewegt werden.

| Technische Daten | Porsche 904 Carrera GTS |
|---|---|
| **Bauart** | Coupé |
| **Baujahr** | 1964 |
| **Motor** | Vierzylinder-, Sechszylinder- und Achtzylinder-Boxer |
| **Hubraum** | 1966 cm³ |
| **Leistung** | 155–180 PS |
| **Getriebe** | Fünfgang-Handschalter |
| **Antrieb** | Hinterräder |
| **Gewicht** | 650 kg |
| **$V_{max}$** | bis 263 km/h |

## Porsche 901/911 L 2.0, 911 T 2.0, 911 S 2.0

Geradezu revolutionär ist der Nachfolger des Porsche 356, der Typ 901. So soll er auch offiziell heißen, aber Peugeot interveniert, weil sich die Franzosen die Bezeichnungen mit der 0 in der Mitte gesichert haben. So wird nach wenigen Exemplaren der 911 daraus – das Porsche-Produktionsbuch endet auf der einen Seite mit dem zweiundachtzigsten 901, die Aufzeichnungen gehen auf der nächsten Seite mit Nummer 83 als 911 weiter – was nicht bedeutet, dass genau dazwischen der Peugeot-Protest postalisch eingegangen sein muss.

Sicher ist: 901 und 911 sind vollkommen identisch. 1964 kommen die ersten 901/911 mit 130 PS und Kofferraumbeleuchtung auf den Markt. Beim Fahrwerk ist kein einziges Teil vom 356 übernommen worden. 1966 bietet Porsche die stärkere Variante S parallel an, die mit 160 PS punktet. So ausgerüstet ist der 911 der schnellste deutsche Serienwagen (225 km/h Spitze).

1967 wird das Portfolio um den T erweitert, diesmal nach unten – er hat nur 110 PS. Zum gleichen Zeitpunkt wird der reine 911 zum L. Ab August 1967 kann man die „Sportomatic" bekommen, das halbautomatische Getriebe. Das Wagengewicht steigt damit um nur 15 Kilo, das Top-Tempo sinkt trotzdem um fünf km/h, und der Sprint verlängert sich um eine Sekunde. Wahlweise ist auch ein Fünfgang-Handschalter zu haben.

1968 kommen die Targa-Versionen – das allererste Exemplar wird am 2. August auf Ferry Porsche zugelassen – und ein Facelift für alle drei Varianten, der E erhält bald darauf 140 PS und der S 170 PS. Ebenfalls 1968 wird aus dem L der E. Ab 1968 bekommen die E und S eine Bosch-Saugrohreinspritzung, der T behält seine zwei Dreifach-Fallstromvergaser. Alles klar?

| Technische Daten | Porsche 901/911 911 L 2.0, 911 T 2.0, 911 S 2.0 |
|---|---|
| **Bauart** | Coupé, Targa |
| **Baujahr** | 1964–1969 |
| **Motor** | Sechszylinder-Boxer |
| **Hubraum** | 1991 cm³ |
| **Leistung** | 110–170 PS |
| **Getriebe** | Viergang-Handschalter |
| **Antrieb** | Hinterräder |
| **Gewicht** | 995–1110 kg |
| **$V_{max}$** | 195–225 km/h |

### Porsche 912

Nicht alle Porsche-Kunden wollen sich gleich einen Sechszylinder ans Bein binden – einige trauern dem Vierzylinder aus dem 356 nach. Porsche reagiert und bietet den 912 an – Karosserie wie der 911, Antrieb aber aus dem 356. Statt Viergang-Getriebe ist auch eines mit fünf Gängen zu haben. Vier Jahre lang bleibt der 912 zum Preis von gut 16.000 Mark im Programm. Er bekommt sogar ein kleines Facelift im Jahr 1968, das ihn um 15 Kilo schwerer macht und ihm zwei Fallstromvergaser spendiert. Tatsächlich ist der 912 nach 1969 aber nicht gleich mausetot: 1975 gibt es den 912 als „E" noch einmal mit Vierzylinder-Boxer ausschließlich für den US-Markt. Die Sonderserie von rund 2100 Stück erhält einen Zweiliter-Einspritzer, der 87 PS leistet.

| Technische Daten | Porsche 912 |
|---|---|
| **Bauart** | Coupé |
| **Baujahr** | 1965–1969 |
| **Motor** | Vierzylinder-Boxer |
| **Hubraum** | 1582 $cm^3$ |
| **Leistung** | 90 PS |
| **Getriebe** | Viergang-Handschalter |
| **Antrieb** | Hinterräder |
| **Gewicht** | 995–1010 kg |
| **$V_{max}$** | 183 km/h |

## Porsche 911 T 2.2, 911 E 2.2, 911 S 2.2

Es ist nur ein kleines technisches Facelift, das Porsche dem 911 angedeihen lässt: Der Hubraum wächst von zwei auf 2,2 Liter. Fahrleistungen und Verbräuche ändern sich kaum. Unter anderem werden die Lagerung der Federbeine etwas verändert und die Hinterradschwingen verlängert. Die Bodengruppe ist jetzt aus feuerverzinktem Blech, der Radstand wächst um 57 Millimeter, was die Neigung zum Übersteuern verringert. Der E und der S erhalten Motorhauben aus Aluminium, die Targa-Modelle bekommen leichte Faltdächer.

Wichtig: Alle Porsche 911 haben nun Zweikreis-Bremsanlagen mit innenbelüfteten Scheiben. 1971 wird wegen der Änderung der europäischen Abgasgesetze die Kraftstoff-Einspritzanlage geändert. Nur der T ist noch mit einer Viergang-Handschaltung zu haben, E und S werden mit fünf Gängen ausgeliefert. Der Preis für das günstigste Coupé beträgt 19.970 Mark, der 911 S kostet 27.140 Mark. Für den Targa muss man einen Aufpreis von 1950 Mark zahlen.

| Technische Daten | Porsche 911 T 2.2, 911 E 2.2, 911 S 2.2 |
|---|---|
| **Bauart** | Coupé, Targa |
| **Baujahr** | 1969–1971 |
| **Motor** | Sechszylinder-Boxer |
| **Hubraum** | 2195 $cm^3$ |
| **Leistung** | 125–180 PS |
| **Getriebe** | Fünfgang-Handschalter |
| **Antrieb** | Hinterräder |
| **Gewicht** | 1110–1020 kg |
| **$V_{max}$** | 205–230 km/h |

### VW-Porsche 914 1.7, 914 1.8, 914 2.0

Die traditionell intensive Zusammenarbeit zwischen Porsche und VW gipfelt 1969 im gemeinschaftlichen Mittelmotorsportwagen Typ 914. Der Zweisitzer trägt ungewöhnliche Klappscheinwerfer. Von 1969 bis 1972 heißt das Modell nur „914", von 1972 bis 1973 kommt der Zusatz „1.7" hinzu, obwohl sich am Motor nichts ändert. Der Basis-Boxer stammt aus dem VW 411 E und leistet 80 PS. Ab 1973 wird der 1.7 aufgewertet und zum 1.8 geadelt dank 1795 Kubik, was 85 PS bedeutet. Mit Ableben des 914/6 im Jahr 1973 bekommt der 914 einen 100 PS starken Zweiliter-Vierzylinder-Boxer und heißt somit logischerweise 914 2.0. Preis: 13.760 Mark. Auch wenn der flache VW-Porsche stets im Schatten des 911er bleibt, hat er zu Recht seine Freunde – unter anderem wegen seiner Wendigkeit, des guten Handlings und der Targa-Konstruktion.

| Technische Daten | VW-Porsche 914 1.7, 914 1.8, 914 2.0 |
|---|---|
| **Bauart** | Targa |
| **Baujahr** | 1969–1974 |
| **Motor** | Vierzylinder-Boxer |
| **Hubraum** | 1679–1971 cm³ |
| **Leistung** | 80–100 PS |
| **Getriebe** | Fünfgang-Handschalter |
| **Antrieb** | Hinterräder |
| **Gewicht** | 940–970 kg |
| **$V_{max}$** | 177–192 km/h |

## VW-Porsche 914/6

1969 traut sich Porsche, in den 914 den Sechszylinder-Boxer aus dem 911 T zu pflanzen und nennt ihn folgerichtig 914/6. Der Zweiliter-Motor (20 Kubik mehr Hubraum als der Zweiliter-Vierzylinder, der von 1972 bis 1975 wahlweise den 914 befeuert) leistet mit Hilfe von zwei Dreifach-Fallstromvergasern 110 PS. Der Kunde kann auch die Sportomatik (Viergang-Halbautomatik) ordern, die das Auto 15 Kilo schwerer und um fünf km/h langsamer macht. Mit all diesem Aufwand wird der Porsche jedoch recht teuer – im August 1969 steht er mit 19.000 Mark in der Preisliste. Nicht viele Kunden greifen zu, deshalb gibt es das Auto ab 1972 wieder nur mit Vierzylinder-Motoren, wobei deren Hubraum auf 1971 Kubik anwächst.

| Technische Daten | VW-Porsche 914/6 |
|---|---|
| **Bauart** | Targa |
| **Baujahr** | 1969–1972 |
| **Motor** | Sechszylinder-Boxer |
| **Hubraum** | 1991 $cm^3$ |
| **Leistung** | 110 PS |
| **Getriebe** | Fünfgang-Handschalter |
| **Antrieb** | Hinterräder |
| **Gewicht** | 980 kg |
| **$V_{max}$** | 201 km/h |

# Die Traktoren

Wer es nicht weiß: Porsche und Traktoren haben eine recht lange gemeinsame Tradition. Mit dem Typ 112 baut Porsche bereits 1941 eine Art Volkstraktor, dessen Entwicklung etwa 1937 begonnen hat. Den Traktor hat die NS-Organisation „Deutsche Arbeitsfront" in Auftrag gegeben. Angetrieben wird er von einem 1,7-Liter-V2, der 17 PS leistet.

Nach dem Zweiten Weltkrieg wächst in Deutschland die Nachfrage nach Traktoren sprunghaft – schließlich glaubt man, Agrarland werden zu müssen. Porsche erweist sich schnell als schwäbisches Cleverle und schließt 1949 mit dem Landmaschinen-Hersteller Allgaier in Uhingen einen Lizenzvertrag zur Produktion von Schleppern: Ungeachtet der Auflagen und Verbote der Alliierten haben die beiden Werkzeugmaschinenhersteller Erwin und Oskar Allgaier einen Traktor, den einzylindrigen R18, entwickelt.

1950 wird der Typ AP17 (AP für Allgaier/Porsche) in Frankfurt vorgestellt. Sein Motor: ein luftgekühlter Zweizylinder-Diesel, der 18 PS leistet. Der Trecker wird ein Hit – kein Wunder bei einem Preis von nur 4450 Mark für eine absolut moderne Konstruktion. Ab 1952 zieren geschwungene Motorhauben die roten Traktoren – die „Porsche-Nase" wird das Markenzeichen der Schlepper mit Porsche-Technik.

Schnell wird Uhingen zu eng – die Allgaier Maschinenbau GmbH zieht 1950 nach Manzell bei Friedrichshafen und baut ein neues Werk auf dem ehemaligen Dornier-Gelände. Bereits 1951 läuft der 5000. AP17 vom Band. Schlepper- wie Werkzeugbau florieren. Doch 1956 muss Allgaier viel Geld investieren für die Ausweitung der Produktion. Die Firma entscheidet sich gegen die weitere Schlepper-Produktion und konzentriert sich auf den Werkzeugbau. Dafür übernimmt die Porsche-Diesel-Motorenbau GmbH den Traktorenbau – ein vom inzwischen eingestiegenen Mannesmann-Konzern eigens gegründetes Tochterunternehmen.

*Auch Rennfahrerlegende David Piper (links) schwört auf Porsche-Traktoren.*

Die Produktion beginnt Anfang Januar 1956 in Friedrichshafen am Bodensee, ab 1957 baut Porsche luftgekühlte Traktoren in fünfstelliger Stückzahl. Gefertigt werden die Modelle „Junior", „Standard", „Super" und „Master". Kleinster ist der „Junior" mit zuerst 14 PS sowie sechs Vorwärts- und zwei Rückwärtsgängen. Der „Standard" bietet 25 PS, später 30 PS. Er ist speziell als Einmann-Schlepper konstruiert und hat eine Fronthydraulik. Der „Super" ist 1780 Kilo schwer und mit Dreipunkt-Regelhydraulik und einem zentralen Steuergerät mit Raddruckverstärker ausgerüstet. 1958 wird das Top-Modell „Master" gigantische 50 PS stark und kann mit Doppelbereifung für schweren Untergrund bestückt werden.

1960 geht die Nachfrage rapide zurück. Porsche versucht, mit neuen Modellen dagegenzusteuern, aber die Experten können den Trend nicht aufhalten. 1962 wird mit dem Master 409 der letzte neue Porsche-Traktor vorgestellt. 1966 ist wirklich Schluss mit Porsche-Traktoren. Insgesamt werden knapp 120.000 – natürlich luftgekühlte – Porsche-Diesel-Traktoren gebaut, dazu kommen noch rund 30.000 Allgaier mit Porsche-Motor. Knapp 60 unterschiedliche Typen werden es insgesamt – vom Ein- bis zum Vierzylinder.

*Mit Benziner, damit kein Diesel das Aroma verdirbt: Knapp 200 Plantagenschlepper entstanden einst für den Kaffeeanbau in Brasilien.*

Übrigens: Wer vom 911 auf einen Master umsteigt, muss sich ganz schön umgewöhnen. Der größte aller Porsche-Traktoren hat zwölf Gänge, die speziell sortiert sein wollen. Mit einem Hebel wählt man, ob man sich kriechend vorwärts, langsam fahrend oder rückwärts rangierend bewegen will. Ein zweiter bietet die Übersetzungen 1 bis 4 an. Richtig gewählt kann man damit jedes Tempo einhalten, vom extremen Zeitlupenschleichen eines 14.000-Tonnen-Schaufelradbaggers bis zu lockeren 60 km/h auf der Landstraße.

So ein 50-PS-Master ist ausgerüstet mit einem 3,5-Liter-Vierzylinder-Diesel und wiegt 2,2 Tonnen, die Räder messen 30 Zoll. Viel wichtiger als ein Tacho ist natürlich der Betriebsstundenzähler. Zeigt der etwa 10.000 an, ist der Trecker reif für eine Komplettrestaurierung. Denn 10.000 Betriebsstunden entsprechen 500.000 Kilometern im Straßenbetrieb.

*Oben: Allgaier, System Porsche: Das ist Anfang der 50er ein Erfolgsmodell.*
*Unten: Bei Porsches: Der Standard steht vor dem Schüttgut, Domizil der Familie seit 1941.*

Kapitel 5

# Die wilden 70er

1970–1979

*Porsche heißt immer Straße plus Motorsport: In der berühmten Kurve Eau Rouge in Spa-Francorchamps posieren der Überrenner 917 und der zahmere Mittelmotor-Kollege Porsche 914.*

Die Deutschen lieben ihre Autos zu Beginn des neuen Jahrzehnts: Neun von zehn Autobesitzern waschen ihr Schmuckstück per Hand, meistens sonnabends und dann am besten vor der eigenen Haustür. 1970 freuen sich die TV-Zuschauer über den ersten „Tatort" („Taxi nach Leipzig"), Porsche über den 150.000sten Wagen, der am 22. September ausgeliefert wird. Es ist ein 911 S Coupé mit Gedenkplakette am Armaturenbrett und einem goldenen Zündschlüssel. Er ist für die USA bestimmt. Zur gleichen Zeit läuft der erste VW-Porsche 914 vom Band.

Die Lkw-Branche wirbt 1971 erstmals mit der Werbefigur „Brummi" um Sympathien, und die IAA fällt wegen Geldmangels aus. Während Daimler-Benz ein Airbag-System zum Patent anmeldet, ist das erste Auto extraterrestrisch unterwegs: Am 1. August 1971 landet das Lunar Roving Vehicle auf dem Mond, das an jedem Rad einen Elektromotor besitzt. Bei Porsche wird ganz irdisch die Geschäftsleitung vergrößert: Neben Ferry Porsche führen nun sechs weitere Abteilungsleiter die Firma. Einen großen Schritt zur Weltmarke macht Porsche mit der Eröffnung des Entwicklungszentrums in Weissach 1971. Die tüftelnden Ingenieure und die Motorsportabteilung ziehen aus Zuffenhausen um.

Weniger Aufwand erfordert die Erfindung von Ernst A. Bettag 1972: das Bobby-Car. Er verkauft es zunächst fast nur in Amerika. Der VW Käfer wird das meistgebaute Auto der Welt mit 15.007.034 Exemplaren. Große Umwälzungen gibt es bei Porsche: Im März 1972 ziehen sich alle Piëchs und Porsches aus der operativen Führungsriege der Porsche-Firmen zurück. Erster Porsche-Firmensprecher, der nicht aus der Familie kommt, wird Ernst Fuhrmann. Die Dr. Ing. h.c. F. Porsche KG wird gleichzeitig umgewandelt in eine Aktiengesellschaft mit einem Kapital von 50 Millionen D-Mark.

Im März 1972 gründet Butzi Porsche seine Firma „Porsche Design", um ebenfalls Aufträge von Fremdfirmen annehmen zu können. Schließlich läuft 1973 der Ur-911 aus. Das Modelljahr 1972 (E-Modell) kommt als „Ölklappen"-Porsche – die 2,4-Liter haben zum Ölnachfüllen eine Klappe außen an der Karosserie. Allerdings fließt da auch mal Benzin hinein – Porsche ändert das daher sicherheitshalber. Modelljahr 1973 kommt wieder ohne Klappe.

Porsches Denk- und Testfabrik: Vor den Toren Stuttgarts entsteht das Forschungs- und Entwicklungszentrum Weissach.

1973 bringt neue Vorschriften für den Motorsport und die Straße: Die Formel 1 schreibt flexible Sicherheitstanks vor und führt das Safety Car ein. Das erste ist – natürlich – ein Porsche. Und zwar ein 914. Er führt die Meute beim Großen Preis von Kanada an. Ende des Jahres lähmt der erste Ölschock den Verkehr: Im November wird das Sonntagsfahrverbot ausgesprochen. Passend dazu zeigt Porsche auf der IAA die Studie FLA. Das steht für „Forschungsprojekt-Langzeit-Auto". Beidseitig verzinkte Bleche und weitere Features sollen die Haltbarkeit verbessern auf 300.000 Kilometer oder 20 Jahre.

No sports: Weniger sportlich, dafür sehr langlebig soll das Forschungsprojekt „Langzeitauto" sein.

Im Kalenderjahr baut Porsche 14.714 Sportwagen, der Umsatz beträgt 425 Millionen Mark, dank des gut verkäuflichen 911. Im April wird erstmals ein 250 PS starker 911 Turbo in Weissach getestet, im September steht auf der IAA bereits das erste Serienmodell – jedenfalls sieht es fertig aus. Nur wenige wissen, dass das Exponat nicht fahrbereit ist, sondern eine Attrappe auf 911-Basis. Man tuschelt von 2,7 Litern Hubraum, 280 PS und einem Top-Tempo von 260 km/h.

Die Boxer-Welt verändert sich 1974 nachhaltig: Im Mai stellt Volkswagen den Käfer-Nachfolger vor, den 790 Kilo leichten VW Golf. Am 1. Juli wird dann auch noch die Produktion des VW Käfers in Wolfsburg eingestellt. Insgesamt 11.916.519 Wagen dieses Typs rollten dort vom Band. Zugleich mit der Käfer-Ära geht auch die der Muscle-Cars in den USA unter dem Eindruck des Öl-Embargos zu Ende.

Das alles hält Porsche nicht davon ab, den ersten Seriensportwagen mit Abgas-Turboaufladung anzubieten. Der 911 Turbo ist das schnellste Serienauto seiner Zeit. Es ist auch das erste Serienauto mit Ladeluftkühlung. Im selben Jahr endet nach nur fünf Jahren der Vertriebsverbund zwischen VW und Porsche. Die Zukunft: Der Porsche 914 wird immer und überall (Ausnahme: USA) so heißen, das Marketing liegt jetzt allein in Porsche-Händen. Unterdessen beschweren sich 911-Käufer über sinkende Qualität – Ferry Porsche schickt Briefe an 65.000 Kunden. Über das Modell sagt er: „Soweit wir die heutigen Bestimmungen kennen, glauben wir, den 911 noch sechs Jahre lang bauen zu können."

*911 Turbo: Das schnellste Serienauto seiner Zeit ist etwas für Kenner.*

*Beitrag zur Notversorgung: Das Projekt SAVE zur Erstversorgung Verletzter und Kranker dauert fast neun Jahre.*

Eine Statistik besagt, dass 1975 nur etwa 20 Prozent aller in Deutschland zugelassenen Autos Frauen gehören. 46 Prozent aller Autos weltweit sind unterdessen mit Vorderradantrieb ausgerüstet – bei Porsche gibt es so etwas nicht. In Sachen Garantie aber will Porsche nicht nachstehen und gibt ein Jahr ohne Kilometer-Begrenzung, aber anders als andere auch noch auf dem Heimatmarkt sechs Jahre Garantie gegen Durchrostung exklusive Kotflügel. Denn die Rohkarosse wird nun beidseitig verzinkt. In Weissach arbeitet derweil eine Gruppe am Projekt „SAVE": ein Auto für die „Schnelle Ambulante Vorklinische Erstversorgung". Das Projekt dauert fast neun Jahre.

1976 muss ein deutscher Arbeiter den Lohn von 22 Wochen für ein normales neues Auto investieren. Immerhin besitzen 60 Prozent aller Haushalte inzwischen ein Auto, fünf Prozent sogar einen Zweitwagen. Etwa 54 Prozent aller Erwachsenen haben einen Führerschein. Im Mai baut Porsche bereits den 1000. 911 Turbo – Porsche-Chef Fuhrmann hat mit gerade mal 500 Stück bis Ende April gerechnet. In diesem Jahr wird auch das erste Porsche-Museum eröffnet, das diesen Namen verdient.

Laut einer Umfrage des Bonner Wissenschaftszentrums in Jahr 1977 wünschen sich Jugendliche zuerst ein Auto, dann erst eine eigene Wohnung. Und Betrüger verkleiden sich als Gelbe Engel des ADAC und nehmen gutgläubige, Not leidende Autofahrer aus. Am 3. Juni verlässt der 250.000ste Porsche seit Produktionsbeginn 1948 die Fabrik.

Am 10. Juli 1978 geht das erste deutsche elektronische Anti-Blockier-System (ABS) in Produktion, es wird aber erst am 22. August von Bosch der Öffentlichkeit vorgestellt. Die Elektronik

*Der „kleine" Porsche. Ab November 1975 wird der 924 gebaut, der mit VW entwickelt wurde.*

lässt jedes Rad zehn Mal pro Sekunde einzeln stottern. Vom Elfer baut Porsche inzwischen jeden Tag 45 Stück. Ernst Fuhrmann ist sich sicher: „Wir werden dieses Auto so lange bauen, wie die Kunden es kaufen. Erst wenn die Stückzahl unter 25 am Tag fällt, werden wir den Bau einstellen müssen."

Weissach entwickelt nun sogar für Harley-Davidson Motorradmotoren, das bringt der Firma gut zehn Millionen Mark ein. 1978 wird auch noch der 928 „Auto des Jahres". Er ist der erste Sportwagen, der den begehrten Titel, verliehen von Redakteuren, erringt. Und Porsche gründet eine „Sonderwunschabteilung" – aber erst 1986 wird daraus das professionelle „Porsche Exclusive"-Geschäft.

Schon gelassener als beim ersten Mal reagieren die automobilen Menschen auf die zweite sogenannte Energiekrise, die 1979 zuschlägt. Porsche bietet in Amerika erstmals für bleifreien Kraftstoff ausgelegte Motoren mit geregeltem Katalysator und Lambda-Sonde an. Außerdem liefert die Firma den letzten Porsche Turbo nach Amerika, weil ab Januar 1980 die Abgasnormen strenger werden. Zwar würden die Ingenieure irgendwie einen Katalysator in den engen Motorraum bekommen, aber sie wollen nicht – um dem Wagen nicht die Seele zu nehmen. Es wären wohl nur 240 PS übriggeblieben.

*„Auto des Jahres": Der 928 ist der erste Sportwagen mit dem begehrten Titel.*

Flotte „Füchse" und strahlende Lackierung in Geminiblau-metallic: Der 2.2 E von 1970 trägt ein Kennzeichen in Erinnerung an das Auto, mit dem Eberhard Mahle 1966 Berg-Europameister wurde.

BB KL35H

## Porsche 911 T 2.4, 911 E 2.4, 911 S 2.4

Die dritte Hubraumgeneration ermöglicht den Besitzern von 911ern in Amerika, dem wichtigsten Exportland, mit Normalbenzin zu fahren. Auch die Kraft nimmt zu: Der Einstiegs-911 T besitzt 130 statt 125 PS, der 911 E 165 statt 155 PS und der 911 S 190 statt 180 PS. Besonders dem S-Modell bekommt die Kraftspritze ausgesprochen gut, sie macht es wesentlich sportlicher. Der Einspritzboxer konsumiert allerdings gerne zwischen 15 und 20 Liter auf 100 Kilometer – erst recht, wenn der Fahrer die möglichen 230 km/h Spitze ausreizt.

In Feinarbeit (etwa mit der geänderten Anbringung von Nebenaggregaten, breiteren Rädern, versetzten Stoßdämpferaufhängungen hinten und einem Bugspoiler) wird die Fahrstabilität verbessert. Außerdem sind nun wieder alle Modelle wahlweise mit vier oder fünf Gängen zu haben. Der 911 erhält 1973 ein weiteres Facelift mit neuen Stoßfängern, serienmäßigen Kopfstützen, 85-Liter-Tank und Auspuff aus rostfreiem Stahl.

| Technische Daten | Porsche 911 T 2.4, 911 E 2.4, 911 S 2.4 |
|---|---|
| **Bauart** | Coupé, Targa |
| **Baujahr** | 1971–1973 |
| **Motor** | Sechszylinder-Boxer |
| **Hubraum** | 2341 $cm^3$ |
| **Leistung** | 130–190 PS |
| **Getriebe** | Fünfgang-Handschalter |
| **Antrieb** | Hinterräder |
| **Gewicht** | 1110 kg |
| **$V_{max}$** | 205–230 km/h |

## Porsche 911 Carrera RS 2.7

Straßenlegaler Rennsport – das ist der RS-Carrera. Natürlich auch der erste, dem weitere folgen werden: Der RS 2.7 ist nicht nur der erste 911 mit Carrera-Schriftzug, sondern auch der Traum aller pubertierenden Autofans und das Eheproblem manches erwachsenen. Kaum ein Führerscheininhaber, der sich für Autos interessiert, schwärmt nicht vom sagenhafte 210 PS starken 911er, der mit seinem kurzen Heckflügel, auch „Entenbürzel" genannt, so verboten wie geil aussieht.

Porsche beginnt im Oktober mit dem Bau des Carrera RS – bis Februar 1973 müssen 500 Stück fertig sein zur Homologation (GT-Klasse Gruppe 4). Preis: 33.000 Mark. Der Kunde kann auf eigene Verantwortung einen flachen Heckdeckel haben, aber das will kaum jemand (was auch besser ist: Er sorgt für Anpressdruck hinten und für höheres Top-Tempo). Das Lenkrad ist dünn, die Reifen auch, der Schalensitz mehr Schale als Sitz, das Heck lose, die Bremse fordernd, die Lenkung indirekt. Der RS will eine kundige Hand – na und?

Porsche braucht einen GT, der auch auf der Straße konkurrenzfähig ist. Der mit einer mechanischen Doppelreihen-Einspritzpumpe versehene Motor hat 2,7 Liter Hubraum. Verschiedene Teile des Wagens sind in Leichtbauweise gefertigt (vordere Haube aus Dünnblech, Motordeckel aus glasfaserverstärktem Kunststoff), so dass der Motor maximal 960 Kilo zu bewegen hat.

Es gibt zwei Versionen, die sich in der Innenausstattung unterscheiden: Der gegen 2500 Mark Aufpreis erhältliche RS „Touring" hat die Serienausstattung des 911 S, während im superleichten RS „Sport" ein Recaro-Schalensitz für den Fahrer eingebaut ist und auf die Rücksitze verzichtet wird. Ferner fehlen die Uhr, die Beifahrer-Sonnenblende, Türarmlehnen und Ablagekästen. Statt mit einem Teppich ist der Fußraum mit Gummimatten ausgelegt. Weitere Unterschiede bestehen in der Karosserie: Die sonst ausstellbaren Seitenscheiben hinten sind beim RS-Sport fest, die Zierleisten sind aus PVC anstatt aus Gummi, das Porsche-Wappen ist ein einfacher Aufkleber. Als Ersatzrad – das im RS-Sport fehlt – führt der RS-Touring als erster 911 einen leichten Faltreifen samt Kompressor mit. 1525 Coupés des 2.7 werden letztlich gebaut.

| Technische Daten | Porsche 911 Carrera RS 2.7 |
|---|---|
| **Bauart** | Coupé |
| **Baujahr** | 1972–1973 |
| **Motor** | Sechszylinder-Boxer |
| **Hubraum** | 2687 $cm^3$ |
| **Leistung** | 210 PS |
| **Getriebe** | Fünfgang-Handschalter |
| **Antrieb** | Hinterräder |
| **Gewicht** | 960–1075 kg |
| $V_{max}$ | 240 km/h |

## Porsche 911 2.7, 911 S 2.7

Ab August 1973 kommt die heute berühmte G-Serie (G-Modell) auf den Markt – fälschlicherweise wird heute jeder Porsche aus der Zeit 1973 bis 1989 als „G-Modell" bezeichnet, obwohl Porsche für jedes Jahr einen fortlaufenden Buchstaben vergibt. Beide Varianten der siebenten 911-Detailvariante besitzen den luftgekühlten 2,7-Liter-Sechszylinder-Boxer – die Basis mit 150 PS, der S mit 175 PS. Auf die althergebrachten Bezeichnungen wie E und T verzichtet Porsche ab jetzt.

Gut erkennbar sind die G-Modelle an den Faltenbälgen in den Stoßfängern und dem roten Leuchtband am Heck. Den berühmten RS-Entenbürzel auf der Heckklappe des 2.7 Carrera gibt es optional bald für alle 911-Modelle. Viele bauen ihn sich an ihren 2.7, weil er einfach so unverschämt (gut) aussieht. Die I-Serie 1975 kommt mit feuerverzinkten Blechen, und mit der 1969 eingeführten Hohlraumkonservierung ist der Rostschutz jetzt ziemlich gut. Überhaupt gerät der Porsche 2.7 mit all seinen Derivaten qualitätsmäßig ausgezeichnet.

| Technische Daten | Porsche 911 2.7, 911 S 2.7 |
|---|---|
| **Bauart** | Coupé, Targa |
| **Baujahr** | 1973–1977 |
| **Motor** | Sechszylinder-Boxer |
| **Hubraum** | 2687 $cm^3$ |
| **Leistung** | 150 und 175 PS |
| **Getriebe** | Viergang- oder Fünfgang-Handschalter |
| **Antrieb** | Hinterräder |
| **Gewicht** | 1110 kg |
| **$V_{max}$** | 210–225 km/h |

**Porsche 911 Carrera 3.0**

Anderthalb Jahre nach Erscheinen des 911 2.7 bohrt Porsche den Motor noch weiter auf, so dass ein Carrera 3.0 daraus wird (auch „Carrera 3" genannt). Die Alu-Kolben arbeiten in Nikasil-Zylindern. Das Nockenwellengehäuse wird dem 911 Turbo entliehen, die Nockenwelle ist nun vierfach gelagert. Porsche vergrößert die Druckölpumpe, das Gebläserad muss mit nur fünf Schaufeln auskommen.

Die Leistung geht aber um zehn auf 200 PS zurück. Für den Carrera 3 als Coupé muss man 44.950 Mark bezahlen. Der Targa kostet in der 2,7-Liter-Ausführung 2000 Mark mehr, beim 3.0 sind es 2500 Mark Aufpreis. Zwischen 1975 und 1977 werden 3651 Stück gebaut – 2546 Coupés und 1105 Targa. Ohne Aufpreis kann der Kunde ab 1977 statt eines Viergang- ein handgeschaltetes Fünfgang-Getriebe bekommen. Optional ist jetzt auch eine Dreigang-Sportomatic zu haben.

| Technische Daten | Porsche 911 Carrera 3.0 |
|---|---|
| Bauart | Coupé, Targa |
| Baujahr | 1975–1977 |
| Motor | Sechszylinder-Boxer |
| Hubraum | 2993 cm³ |
| Leistung | 200 PS |
| Getriebe | Viergang- oder Fünfgang-Handschalter |
| Antrieb | Hinterräder |
| Gewicht | 1150 kg |
| $V_{max}$ | 235 km/h |

## Porsche 911 Turbo

Im Oktober 1974 präsentiert Porsche den Turbo, intern Typ 930, mit noch mehr Kraft als beim Carrera 2.7 RS und zu einem weit höheren Preis. Herzstück ist ein Dreiliter-Boxer mit Abgas-Turbolader, der 260 PS leistet und den Wagen in 6,5 Sekunden sprinten lässt. Ab März 1975 wird das Modell mit der breiten Karosserie und einem für diese Zeiten enorm großen Heckspoiler ausgeliefert.

Zunächst gibt es den Wagen nur als Coupé. 1976 erhält der „Turbo", wie er schlicht genannt wird, 16-Zoll-Räder (bislang 15 Zoll) und Servobremsen. Mit der „K-Serie" im Juli 1977 erhält er einen 3,3-Liter-Sechszylinder, der Carrera bleibt beim Dreiliter, womit sich die beiden jetzt wieder stärker voneinander unterscheiden. Mit dem neuen Motor verbessern sich die Fahrleistungen nochmals (Sprint nun in 5,5 Sekunden, Top-Tempo 260 km/h).

Im Heckspoiler sitzt jetzt ein Ladeluftkühler. Im August 1979 erhält der Turbo eine Zweirohr-Auspuffanlage zur besseren Geräuschdämmung. Ab Februar 1987 ist der Turbo dann endlich erstmals auch als Cabrio und als Targa erhältlich. Die Preise des Turbo beginnen 1975 bei 65.800 Mark für das Coupé, das Cabrio kostet zuletzt im April 1989 160.900 Mark. In Amerika gibt es das Modell als „Turbo Carrera".

| Technische Daten | Porsche 911 Turbo |
|---|---|
| **Bauart** | Coupé, Cabrio, Targa |
| **Baujahr** | 1975–1989 |
| **Motor** | Sechszylinder-Boxer, Turbolader |
| **Hubraum** | 2994 und 3299 cm$^3$ |
| **Leistung** | 260 und 300 PS |
| **Getriebe** | Viergang-Handschalter |
| **Antrieb** | Hinterräder |
| **Gewicht** | 1140–1380 kg |
| **$V_{max}$** | 250–260 km/h |

## Porsche 924, 924 S

Der Porsche 924 ist der Einstieg in den Ausstieg aus der Mono-Modellpolitik von Porsche Mitte der 1970er Jahre: Es ist das erste Transaxle-Modell der Marke – Motor vorne, Getriebe hinten – und der Nachfolger des Mittelmotor-Porsche 914. Eigentlich wollte VW das Auto herausbringen, aber es wird zu teuer für die Wolfsburger. Der Einspritz-Vierzylinder stammt aus dem Audi 100 E. Er leistet in der Basisversion 125 PS, die aber keine Probleme mit dem 1080 Kilo leichten Zweisitzer haben. Der Radstand beträgt 2,4 Meter, der Sprint gelingt in 10,5 Sekunden. Das Kombi-Coupé mit der großen Heckklappe wird im Audi-Werk Neckarsulm hergestellt. Das Publikum ist zunächst nur mäßig begeistert – vor allem wird die Form als recht belanglos angesehen.

Bis zu 80 Prozent werden exportiert, in Deutschland wird der 924 lange nicht als echter Porsche akzeptiert – unter anderem deshalb, weil Motor, Fahrwerks- und weitere Bauteile von Audi und VW stammen. Eine Automatik ist erhältlich, drosselt aber die Fahrleistungen ein wenig. Im August 1985 ersetzt der 924 S den 924. Neu: Im Auto sitzt ein leistungsreduzierter Porsche-Motor, der 2,5-Liter-Vierzylinder mit 150 PS. Damit wird das Auto aber auch plötzlich recht teuer. Kostet es im Januar 1976 noch 23.240 Mark, sind es im Januar 1985 bereits 34.650 und im August 1985 (für den S) 41.950 Mark. Im April 1988 ist Schluss mit 924. Da hat der 924 S seit einem Jahr 160 PS. Preis am Ende: 50.165 Mark. Rund 150.000 Stück des 924 werden letztlich gebaut.

| Technische Daten | Porsche 924, 924 S |
|---|---|
| **Bauart** | Coupé |
| **Baujahr** | 1976–1987 |
| **Motor** | Vierzylinder |
| **Hubraum** | 1984 und 2479 $cm^3$ |
| **Leistung** | 125–160 PS |
| **Getriebe** | Viergang- und Fünfgang-Handschalter |
| **Antrieb** | Hinterräder |
| **Gewicht** | 1080–1240 kg |
| **$V_{max}$** | 204–222 km/h |

**Porsche 911 SC 3.0**

Mit Modelljahr 1977 (K-Serie) und durch Wegfall des Carrera 3.0 bietet Porsche den 911 nur noch in zwei Modellreihen an: den SC mit Dreiliter-Boxer und den Turbo mit 3,3 Litern. Immerhin ist der SC (angesiedelt zwischen „Super" und „Carrera", deshalb „SC") in drei Karosserie-Ausführungen zu haben – das Cabrio kommt allerdings erst im Januar 1983 hinzu. Der SC gilt schnell als Allround-911er, der fast die Fahrleistungen des Carrera erreicht: Dank 180 PS sprintet er in sieben Sekunden auf 100 km/h und rennt 225 km/h.

Weitere Detailverbesserungen wie Servobremse und breite Backen hinten machen den Elfer zum gefragten Sportler. 1979 spendiert Porsche dem SC acht PS mehr, im August 1980 sind es insgesamt 204 PS. Im September 1981 zeigt Porsche einen Cabrio-Prototypen mit Allradantrieb, was das Publikum mal wieder große Klasse findet. 1983 allerdings entsinnt sich Porsche seiner Carrera-Geschichte und ersetzt den SC durch den Carrera 3.2.

| Technische Daten | Porsche 911 SC 3.0 |
|---|---|
| **Bauart** | Coupé, Targa, Cabriolet |
| **Baujahr** | 1977–1983 |
| **Motor** | Sechszylinder-Boxer |
| **Hubraum** | 2994 $cm^3$ |
| **Leistung** | 180–204 PS |
| **Getriebe** | Fünfgang-Handschalter |
| **Antrieb** | Hinterräder |
| **Gewicht** | 1160–1180 kg |
| **$V_{max}$** | 225–235 km/h |

## Porsche 928, 928 S

Im März 1977 stellt Porsche den 928 vor – gedacht als Nachfolger des 911. Der stilistisch durchaus gelungene Sportwagen ist völlig anders als der 911er: bullig, V8 statt Sechszylinder-Boxer, Motor vorne statt hinten, viel Platz. Trotzdem geht der Porsche-Plan – zum Glück – gründlich in die Hose: Kunden und Fachwelt lassen sich herab zu freundlichem Beifall, aber mehr auch nicht. Die meisten Kunden kaufen weiter 911, worauf dessen Ableben bald nicht mehr diskutiert wird.

Es sollen laut Plan pro Jahr eigentlich 8000 Stück vom „großen Transaxle" produziert werden, im besten Jahr (1987) sind es gerade mal 5400. In seiner Klasse ist der 928 trotzdem der meistgekaufte Sportwagen der Welt, und er wird der erste, der die renommierte Auszeichnung „Auto des Jahres" kassiert. 55.000 Mark kostet er zum Marktstart – im Januar 1982, dem letzten Verlaufsmonat, sind es schon 64.900 Mark.

Zwei Jahre nach dem 928 kommt die S-Version – mit einem größeren Motor und mehr Kraft. Jetzt lockt der 928 S mit satten 300 PS. Das Modell bleibt bis 1986 im Portfolio. Die Preise sind saftig: 72.900 Mark im ersten Verkaufsmonat August 1979, im August 1985 kostet so ein Prestige-Sportler schon 100.000 Mark.

| Technische Daten | Porsche 928, 928 S |
|---|---|
| **Bauart** | Coupé |
| **Baujahr** | 1977–1986 |
| **Motor** | V8 |
| **Hubraum** | 4474 und 4664 $cm^3$ |
| **Leistung** | 240–300 PS |
| **Getriebe** | Fünfgang-Handschalter |
| **Antrieb** | Hinterräder |
| **Gewicht** | 1520–1530 kg |
| **$V_{max}$** | 230–255 km/h |

### Porsche 924 Turbo

Ende 1978 kommt Porsche mit dem 924 Turbo auf den Markt. Die Ingenieure koppeln den Audi-100-E-Einspitzer mit einem KKK-26-Turbolader, was sich allerdings als ziemlich aufwändig erweist. So werden Zylinderkopf und Brennräume geändert. Der Lader soll schon bei niedrigen Drehzahlen einsetzen. Ein Bypassventil sorgt dafür, dass der Ladedruck nicht über den vorgesehenen Wert steigen kann – wie im großen Vorbild, dem 911 Turbo 3.3 oder kurz „Turbo".

Zu erkennen ist die Turboversion ganz einfach an den zusätzlichen Kühlerschlitzen in der Motorhaube. Die Fahrleistungen steigen gegenüber dem 924 kräftig, die Kundenbeschwerden allerdings auch: Sie haben oft Probleme mit dem Lader. 1980 bekommt der 924 Turbo dank elektronischer Zündung sieben PS mehr Leistung bei weniger Verbrauch. Im Juli 1982 wird der 924 Turbo eingestellt. In rund drei Jahren Bauzeit steigt der Preis von 39.480 auf 44.200 Mark.

| Technische Daten | Porsche 924 Turbo |
|---|---|
| **Bauart** | Coupé |
| **Baujahr** | 1978–1982 |
| **Motor** | Vierzylinder-Turbo |
| **Hubraum** | 1984 cm³ |
| **Leistung** | 170–177 PS |
| **Getriebe** | Fünfgang-Handschalter |
| **Antrieb** | Hinterräder |
| **Gewicht** | 1180 kg |
| **$V_{max}$** | 225–230 km/h |

*Spektakulär: Delugan Meissl zeichnet für den Entwurf des Porsche-Museums in Zuffenhausen verantwortlich.*

# Das Porsche-Museum – Historie im Überfluss

Am 30. Juli 2004 genehmigt der Vorstand den Bau eines neuen Museums. Das alte, 1976 auf 620 Quadratmetern eröffnet und eingerichtet in einer ehemaligen Motorenhalle, wird zu klein. Zwar besuchen auch hier schon jährlich 80.000 Menschen die Ausstellung, aber die Moderne erfordert ein lebendigeres Konzept – und die Sammlung wird ständig größer.

Das Architektenbüro Delugan Meissl gewinnt die Ausschreibung, es setzt sich gegen 170 europäische Konkurrenten durch. Kosten des Gebäudes: 50 Millionen Euro. Nach knapp drei Jahren Bauzeit eröffnet das neue Porsche-Museum in Nachbarschaft zur Stuttgarter Ur-Zelle am 31. Januar 2009. Es werden fast 6000 Tonnen Stahl für 54.000 Quadratmeter Ausstellungsfläche verbaut.

Pro Jahr lassen sich nun rund 450.000 Besucher voller Freude verboxern und vertransaxlen. Heute steht vor dem Gebäude die 24 Meter hohe Skulptur des Künstlers Gerry Judah, an dessen Spitzen ein F-Modell von 1970, ein G-Modell von 1981 und ein

*Dauerausstellung, Sonderausstellung: Immer wieder wechselt der Modellschwerpunkt im Porsche-Museum.*

911 von 2015 auf den Mythos 911 hinweisen. Innen finden rund 80 Autos neben zahllosen Kleinexponaten Platz, zu den stetig wechselnden Modellen kommen Sonderausstellungen, akustisch eindrückliche Events wie die „Soundnächte" oder die legendären Le-Mans-Nächte, in denen das gesamte 24-Stunden-Rennen übertragen wird und die Gäste auf Feldbetten nächtigen können. Das Grundkonzept des „rollenden Museums" erlaubt, dass die guten und teuren Stücke nicht nur fahrbereit sind, sondern auch bei Events ihr Können auf Asphalt zeigen.

Das ständig wechselnde Angebot im Haupthaus wäre nicht möglich ohne die nichtöffentliche Museums-Reserve, die sich in der Nachbarschaft befindet. Das bedeutet: Dicht an dicht stehen da zwischen 300 und 400 Autos der insgesamt knapp 600 Autos umfassenden Sammlung in einer 4000 Quadratmeter großen Halle. Selbst ein Porsche-Motorrad gibt es hier. Welcome to Paradise.

Etwa 30 Stück kommen pro Jahr neu hinzu, zwischen 80 und 90 Exemplare werden stets in der Werkstatt aufgepäppelt. Andere sind unterwegs zu Messen, Ausstellungen, historischen Rallyes und mehr: Pro Jahr registriert das Museum rund 2500 Fahrzeugbewegungen. Eine Spedition fährt rund 130.000 Kilometer im Jahr mit Porsche-Gold huckepack – hinzu kommen noch unzählige Flüge und Schiffspassagen, weil das „rollende Museum" weltweit agiert.

Wo anfangen mit einem Rundgang? An der Wand, wo der Dauer-Porsche 962 steht, Sieger in Le Mans 1994 mit Dalmas, Haywood und Mauro? Mittendrin, wo die RS Spyder warten – zum Beispiel die Nummer 6 aus der ALMS-Serie? Oder beim absolut originalen, unrestaurierten 906 Langheck von 1966? Gefahren, gerannt, abgestellt. Die Tür des 906 geht nicht auf,

*Blick in die Museums-Reserve: Man weiß gar nicht, wo man zuerst hingucken soll.*

*Gesammelte Rennhistorie: Im Vordergrund steht jener 906, der als Kamerawagen 1966 im 1000-km-Rennen mitfuhr.*

nur durch das Belüftungsloch im Plexiglas kann man in dieses filigranen Stück Technik blicken: Holzlenkrad, ein paar Knöpfe, und es riecht nach altem Öl, verfallendem Stoff, historischem Blech, gesplittertem Kunststoff. Und da drüben steht der Martini-Porsche 917 von 1971, mit dem Vic Elford und Gerard Larrousse Le Mans fuhren.

*Rückblick: Wer mag in all den Spiegeln wohl einst welche Fahrerikone gesehen haben?*

Daneben der LMP1 von 1998 sowie der Porsche 936, Le Mans-Sieger mit Ickx und Bell 1981. Und dann auch noch der Porsche 906 Carrera 6, der 1966 als Kamerawagen beim 1000-Kilometer-Rennen auf dem Nürburgring eingesetzt wurde. Weiter hinten steht ein beeindruckend breiter Porsche 924 Carrera GTP herum, mit dem Jürgen Barth und Walter Röhrl 1981 in Le Mans ihre Kreise drehten und auf dem siebten Gesamtrang landeten.

Da wartet ein Prototyp 959 für die Gruppe B auf Pflege, unter den Porsche-Mitarbeitern ist das Auto als „Sperma-weiß" bekannt, und woanders steht der erste GT1 mit Carbon-Monocoque. Und dann auch noch der Porsche 917/16 Spyder-Prototyp mit seinem 750 PS starken 6,6-Liter-16-Zylinder – too much to list …

Weiter geht's zu den Straßenautos. Viele 991 und 997 sind unter Staubschutzhüllen versteckt, andere haben die Schnauze weit offen – damit die Verantwortlichen trotzdem in die Innenräume kommen, falls die Batterien aufgeben. Es fällt ein Dreiliter-Targa mit Klimaanlage und Soundsystem aus dem Baujahr 1976 auf, knallgrün außen mit seltener grüner Innenausstattung, daneben ein 968-Schnittmodell von 1991. Auch nur wenig gesehen der Porsche Roadster, ein offener 968. Dann ein lilafarbener 964 mit Tiptronic, dort ein roter 991 Targa GTS, der letzte Carrera mit Saugmotor. Und da, eins von nur 13 gebauten Club-Coupés.

Die Farbe dieses 959 bezeichnet man intern bei Porsche als „Sperma-weiß".

2013 legte Porsche diese Sonderserie anlässlich 60 Jahren Porsche Club auf und verkaufte zwölf davon per Losverfahren. Nr. 1 in Brewster-Grün mit brauner Lederausstattung behielt Porsche selbst.

Hier ein 911 S aus Carbon mit Macrolonscheiben, dort ein Transaxle Clubsport für die PDK-Entwicklung, der erste 996 GT3, der einzige zugelassene GT1, ein Heckmotor-944 mit Allradantrieb, der 968 mit Fahrgestellnummer 1, der 959-Dienstwagen von Ferry Porsche, ein 996 in 993-Hülle, ein 997 Turbo in der 918-Spyder-Edition, auch nur eine Handvoll gemacht. Hier stehen der erste Boxster-Vorläufer, Rekordwagen, Langzeitstudien sowie ein gepanzerter, drei Tonnen schwerer 911.

Auch einer der drei 928-Prototypen, die Heinz Prechter in seiner American Sunroof Company gemacht hat, ist hier zu finden – das 928 Cabrio. Daneben die Machbarkeitsstudie eines viertürigen 928 mit gegenläufigen Türen aus der gleichen Quelle. Und der Blick in die Regale beruhigt auch nicht gerade – wir finden zum Beispiel den 965: Ein 911 mit V8 aus dem Jahr 1984, einst gedacht als Nachfolger des 911 Turbo. Er wäre aber zu teuer geworden – so kommt der 964 Turbo auf den Markt.

Ein Porsche? Giugiaro machte diesen Vorschlag für eine viertürige Variante.

Im Regal finden sich außerdem ein Porsche 997 aus Alu, darüber ein Boxster-Prototyp und sogar die wohl einzige ungeschweißte Porsche-Schwimmwagenkarosserie der Welt. Darunter lagern der erste Panamera und ein Arbeits-Cayenne. Gegenüber steht ein völlig unporschiger Giugiaro-Vorschlag für eine Familienkutsche, der zumindest am Heck dem Mitsubishi Galant sehr ähnlich sieht. Zwei Jagdwagen sind zu entdecken, daneben ein 356 mit vier Türen, und in einer Box wartet der Porsche 907 mit Chassisnummer 007 auf Arbeit.

*Boxengasse: Monoposti und wertvolle Rennsportwagen lagert Porsche in Kisten. Im unteren Bild ist ein Porsche-Jagdwagen neben einem Viersitzer-911 zu sehen.*

Auch ein paar Fremdfabrikate sind zu finden, etwa zwei Audi RS4 mit Porsche-Motoren sowie ein Mercedes E 500 und ein weiterer Mercedes der Baureihe 124, ein breites Coupés mit Indycar-Achtzylinder für den Porsche 989. Wir finden noch eine Vorkriegsfeuerwehr, einen Porsche-Diesel-Traktor, ein Porsche-Motorrad (ein Porsche-Ingenieur namens Heß baute einst einen 356-Motor in seinen Hobel ein), ein Porsche-Fahrrad und Porsche-Spielzeug.

Und dann ist da noch die Ersatzteil-Halle, wo mehr als 100.000 originale Porsche-Teile auf Einsatz warten. So einen Überfluss im Überschuss muss man erst einmal verdauen.

*Regal-Lager: Lauter Porsche-Einzelstücke fast bis zum Horizont – aus dem Fundus können die Museumsleute jederzeit jedes Sonderthema bestücken.*

*Gegenüberliegende Seite: Ein ganz großes Thema im Porsche-Museum: 70 Jahre Sportwagen. Wir sind gespannt, was es sich zum 75. Jubiläum einfallen lässt.*

PORSCHE
FASZINATION SPORTWAGEN
44
55
K 45-286
« VOR / BEFORE 1948
AB / FROM 1948 »

Kapitel 6

# Die Blütezeit der Transaxle

1980–1989

*Begehrenswert: Auch schon längst ein Klassiker und heute mit H-Kennzeichen unterwegs sind die SC-Modelle wie dieser 1982er.*

Als Folge der neuen Energiekrise steigt 1980 der Literpreis Benzin in Deutschland auf mehr als eine Mark. Das hilft Peter W. Schutz, der Ernst Fuhrmann als Porsche-Chef ablöst, nicht bei seinem neuen Job. Noch im gleichen Jahr muss er mit 9745 gebauten 911 einen Verkaufs-Tiefststand vermelden.

Also sucht er weitere Einnahmequellen – wie das „Projekt Gamma": Porsche unterschreibt einen Vertrag, um für AvtoVaz den Nachfolger des Lada auf Fiat-124-Basis zu entwickeln. Schnell finden die Ingenieure bei „Projekt Gamma" 467 Punkte, die nach Verbesserungen am status quo schreien. Das Ergebnis ist der neue Lada Samara, der letztlich 60 Millionen Mark in die Porsche-Kassen spült.

1981 orakelt der Club of Rome, dass Mikroelektronik gleichermaßen ins Paradies und in die Hölle führen kann – und weiß noch gar nicht, wie recht er damit hat. Musikalisch schwimmt sich Deutschland frei mit der aufkommenden Neuen Deutschen Welle, die Stücke wie „Dadada" von Trio oder Hubert Kahs „Sternenhimmel" hervorbringt. Am 30. November setzt der rheinland-pfälzische Ministerpräsident Bernhard Vogel den ersten Spatenstich für den neuen Grand-Prix-Kurs am Nürburgring, nachdem die Nordschleife für die Formel 1 zu unsicher geworden ist.

Porsche forscht inzwischen an einer ersten Form des Doppelkupplungsgetriebes. Der erste Versuchseinsatz erfolgt zwei Jahre später, durchsetzen kann sich die Technik allerdings noch lange nicht. In Weissach beginnen Ingenieure, das Instrumentenbrett des Airbus A310 zu entwickeln. Der Job dauert bis 1983.

*„Projekt Gamma": Auch bei der Entwicklung des Lada Samara haben Porsche-Ingenieure die Hand im Spiel.*

*Auch ein Arbeitsgerät darf schick sein: Designchef Anatole Lapine macht aus dem Linde-Stapler ein preiswürdiges Stück Maschinenbau.*

1982 setzt der ADAC erstmals Stauberater ein, die hilflosen Autofahrern Tipps für Alternativrouten und gegen Stress geben sollen. Da muss es den armen Menschen in den Autoschlangen wie Hohn vorkommen, wenn Schlagersternchen Markus seinen Vollgas-Hit trällert: „Ich will Spaß, ich geb' Gas". Die automobile Spaßgesellschaft allerdings feiert den Song als neue Hymne. Porsche beginnt, Gabelstapler für die Firma Linde zu entwickeln – Designchef Lapine sorgt dafür, dass es dabei so gut wie keine gerade Linie gibt. Der Auftrag bringt 800.000 Mark ein und dauert bis 1985.

1983 sorgt für Licht und Schatten in der Porsche-Gemeinschaft. Zuerst der Schatten: Am 14. November wird versuchsweise die erste Tempo-30-Zone in Buxtehudes Innenstadt eingeführt. Anfangs hält sich die Akzeptanz in Grenzen, doch die Tempobremse ist nicht mehr aufzuhalten – und wirkt sich positiv auf die Unfallbilanz aus. Dann das Licht: Rasant gesehen läuft das Jahr 1983 für Porsche perfekt. Stefan Bellof brennt mit einem 956 eine Fabelzeit in den Asphalt des Nürburgringes, auf den flugbegeisterten Porsche-Chef Schutz geht in diesem Jahr der PFM zurück. Der „Porsche-Flugmotor" 3200 ist ein 3164 Kubik-

*Bestzeit: Stefan Bellof legt auf dem Nürburgring im 956 eine Rekordrunde hin, die lange Zeit ungeknackt bleibt.*

*Der Boxer geht in die Luft: Der Porsche-Flugmotor ist der zweite Versuch des Hauses in der Luftfahrt.*

*Wolf im Schafspelz: Der B-32 ist ein VW-Bus der Reihe T3 mit Elfer-Motor. Es gibt ihn sogar als Camper.*

zentimeter großer Sechser-Boxer mit bis zu 212 PS. So etwas hat Porsche schon mal probiert, und zwar Ende der 50er Jahre mit dem Stoßstangen-Vierzylinder Typ 678.

Porsche hebt auch auf dem Boden ab und zeigt sein erstes Supercar namens 959 auf der IAA 1983. Ebenfalls 1983 beginnt Porsche mit dem Serienbau der Projektnummer 2656 namens B-32: Ein VW-Bus mit 911er-Motor. Basis ist der Neunsitzer, die ersten Serienautos erhalten den 3,2-Liter Boxer mit 231 PS. Nach neun Exemplaren ist die Arbeitsbeschaffungsmaßnahme allerdings beendet. Übrigens: 51 Prozent des Porsche-Absatzes macht der 944 aus.

Im Orwell-Jahr 1984 können sich nicht mal Porsche-Fahrer beschweren, als der Gurtzwang greift: Wer ohne angelegten Lebensretter erwischt wird, muss ab sofort ein Bußgeld zahlen. Ferry Porsche erfährt eine große persönliche Ehrung: Er bekommt vom Land Baden-Württemberg an seinem 75. Geburtstag den Professoren-Titel verliehen.

Porsche bringt den 911 SC RS heraus – in gerade mal 20 Exemplaren. Es handelt sich um ein Homologationsmodell für den Rallyesport. Das Modell hat den Dreiliter-Sechszylinder mit 250 PS und wiegt nur 960 Kilo fahrfertig. Gegen den Willen der US-Händler wird „Porsche of North America" zum eigenen Vertrieb der Produkte gegründet – inklusive 40 Porsche-Centern. Die Sache mit dem Vertrieb dauert aber noch eine ganze Weile. Zunächst verliert Porsche gegen die Händlermacht. Das Geschäft läuft trotzdem bestens – deshalb gibt Porsche erstmals in seiner Geschichte Aktien heraus. Ausgabepreis: 780 Mark. Natürliche Personen können 100 Stück, Institutionen 1000 Stück

*Kleinstauflage: Vom Rallye-Homologationsmodell 911 SC RS entstehen gerade mal 20 Stück.*

erwerben. Der Börsengang bringt 328 Millionen Mark ein. Im Geschäftsjahr 1983/1984 wächst der Umsatz auf 2,5 Milliarden Mark, der Jahresüberschuss auf 92,4 Millionen Mark.

1985 beträgt der Weltbestand an Motorfahrzeugen 361 Millionen Stück – da ist noch viel mehr möglich. Porsche geht es inzwischen wieder richtig gut: Der Gewinn schwillt auf 120,4 Millionen Mark an, der Umsatz erreicht drei Milliarden Mark – man kann also in den Versuch „959" investieren. Der Amerika-Absatz liegt jetzt bei 54 Prozent, bei Schutz' Jobstart 1981 waren es nur 27 Prozent.

Porsche kann es sich jetzt leisten, für alle Modelle zehn Jahre Garantie gegen Durchrostung zu geben. Inzwischen ist auch der Motor für Seat fertig. Eine Auftragsarbeit, denn die Spanier brauchten nach dem Lizenzentzug durch Fiat einen neuen, verbrauchsarmen Motor. Unter der Projektnummer 2616 entstehen zwei Vierzylinder mit 1193 und 1461 Kubik, 63 und 86 PS stark. Auf dem Ventildeckel prangt stolz „System Porsche".

1986 feiert die Welt „100 Jahre Auto" – und es ist kein Ende in Sicht. Porsche allerdings leidet unter sinkendem Dollar-Kurs – die US-Gewinne schrumpfen beträchtlich. Porsche sucht deshalb unermüdlich weitere Geschäftsfelder und baut aus dem 928-V8 den Antrieb für ein Rennboot: Der 340 Kilo schwere Motor leistet 750 PS. Doch im Rennen erfolgreich sind die von Tullio Abbate gebauten Schiffe nicht. Der Flugmotor PFM 3200 beweist seine Zuverlässigkeit hingegen mit einem Flug um die Welt. In Sachen Auto gründet Porsche die professionelle Sonderwunschabteilung „Porsche Exclusive".

*System Porsche: Seat setzt die Entwicklungshilfe stolz auf den Ventildeckel des Reihen-Vierzylinders.*

*Ein Name mit Tradition: Gegen Ende der G-Serie gab es 1680 neue Speedster mit flacher Scheibe und Heckverkleidung.*

*PEP: Der Experimental-Prototyp 269 ist ein rollender Prüfstand der Extraklasse.*

In Deutschland sind 1987 knapp 25 Millionen Autos in Betrieb, die Kunden bevorzugen beim Neuwagenkauf die „Farbe" Grau. Grau ist allerdings auch die Luft in Berlin, die als erste deutsche Stadt die Smog-Warnstufe 1 ausruft, und zwar am 1. Februar. Sie bleibt drei Tage in Kraft. Nur Autos mit Dieselmotoren (wie sich die Zeiten ändern!) und mit Katalysatoren dürfen fahren. Vierventil-Motoren werden langsam Standard, aber auch Spoiler und Schweller sind bei den Deutschen sehr beliebt. Porsche bemüht sich indes um die Forschung mit „PEP", dem Experimental-Prototypen Typ 269. Das ist ein nicht wirklich ansehnlicher rollender Prüfstand, der ständig verändert werden kann.

1988 entsteht in Stuttgart ein neues Karosseriewerk mit hochflexibler Fertigung und Förderbrücke über die Schwieberdinger Straße. Am 25. August 1988 nimmt Porsche das neue Karosseriewerk in Zuffenhausen in Betrieb.

1989 feiert Porsche sich selbst – zum 25. Geburtstag des 911 gibt es einen Serien-Speedster, der 171 Mal gebaut wird und zum Stückpreis von 112.000 Mark zu haben ist. Cartoonist Rötger Feldmann (Brösel) tritt mit seinem Horex-Regina-Dragster namens Red Porsche Killer gegen den 69er Elfer seines Kumpels Holgi an: 200.000 Menschen zelebrieren das „Werner-Rennen" auf dem Flugplatz Hartenholm in Schleswig-Holstein. Der Porsche gewinnt hauchdünn (2018 wird das Rennen wiederholt – längst nicht so viele Zuschauer sind dabei. Vielleicht verliert deshalb der Porsche diesmal ...). Wenig feierlich ist Porsche-Chef Schutz zumute – er muss den Chefsessel räumen für seinen Nachfolger, Finanzchef Heinz Branitzki.

1989 fällt auch die Mauer zwischen den deutschen Staaten. Porsche präsentiert die „Tiptronic", ein auch manuell schaltbares Automatikgetriebe. Auf der IAA zeigen die Stuttgarter zudem eine der am meisten diskutierten Studien, den Panamericana. Der Wagen basiert auf dem Carrera 4 und stammt von Ulrich Bez und Harm Lagaay. Sie bauen den 911 zum Spyder um mit vielen Sicherheitselementen.

„Grotesk“: Ferry Porsche ist von seinem Geburtstagsgeschenk irritiert: Der Panamericana ist eine Designspielerei rund ums Thema Spyder.

Gimmicks wie ausgeschnittene Radhäuser sollen zeigen, wohin sich Porsche entwickeln kann. Eigentlich ist das Auto ein Geschenk zu Ferry Porsches 80. Geburtstag, doch der hält das Auto zunächst für „grotesk“. Das Jahrzehnt muss sich nun auch von der so genannten 911er-G-Serie verabschieden – sie endet nach insgesamt 175.000 gebauten Stück. Nachfolger wird der Porsche 911 Typ 964. 1989 wird die Porsche Leasing GmbH gegründet, sie kümmert sich um Neu- und Gebrauchtwagenkunden.

**Porsche 924 Carrera GT**

1979 zeigt Porsche auf der IAA in Frankfurt eine Wettbewerbsversion des 924 auf Basis des 924 Turbo: den 924 Carrera GT. Der Zusatz „Carrera" deutet darauf hin, dass es sich um ein straßentaugliches Rennfahrzeug handelt. Das bedeutet: mehr Leistung und weniger Komfort. In der Rennversion wiegt der 924 Carrera GT rund 150 Kilo weniger als der 924.

Die Resonanz auf der Messe ist überwältigend, und sofort beginnt Porsche mit dem Bau der 400 Stück für die Straße, die aus Gründen der Motorsport-Homologation vorgewiesen werden müssen, um das Auto in der Gruppe 4 einsetzen zu können. Optisch bietet der Straßensportler so einiges – besonders die Breite beeindruckt. Dem Motor wird ein Ladeluftkühler spendiert, insgesamt steigt die Leistung auf 210 PS, was das Auto 239 km/h schnell macht.

| Technische Daten | Porsche 924 Carrera GT |
|---|---|
| **Bauart** | Coupé |
| **Baujahr** | 1980 |
| **Motor** | Vierzylinder-Turbo |
| **Hubraum** | 1984 cm³ |
| **Leistung** | 210 PS |
| **Getriebe** | Fünfgang-Handschalter |
| **Antrieb** | Hinterräder |
| **Gewicht** | 1180 kg |
| **$V_{max}$** | 239 km/h |

### Porsche 924 Carrera GTS

Aus der Basis 924 generiert Porsche diverse Rennwagen. Einer davon ist der Typ 937. Porsche bietet den offiziell 924 Carrera GTS genannten Renner 1981 an, das Modell lässt sich per TÜV-Einzelabnahme für die Straße zulassen. Der GTS hat kräftig abgespeckt, wiegt gegenüber dem Carrera GT rund 50 Kilo weniger durch Wegnahme von Dämmmaterial und die Verwendung von leichteren Materialien wie glasfaserverstärktem Kunststoff für Türen, Bugschürze und Verbreiterungen.

Unter anderem dank höheren Ladedrucks leistet der Zweiliter-Turbo-Vierzylinder 245 PS. Der Käufer muss allerdings tief in die Tasche greifen: 110.000 Mark sind fällig. Es geht aber noch teurer: Für 122.000 Mark gibt es die Clubsport-Version an, was noch einmal 60 Kilo weniger und 270 PS bedeutet. Kein Wunder, dass das Modell sehr exklusiv bleibt: Nur 59 Stück werden gebaut.

| Technische Daten | Porsche 924 Carrera GTS |
|---|---|
| **Bauart** | Coupé |
| **Baujahr** | 1981 |
| **Motor** | Vierzylinder-Turbo |
| **Hubraum** | 1984 $cm^3$ |
| **Leistung** | 245–270 PS |
| **Getriebe** | Fünfgang-Handschalter |
| **Antrieb** | Hinterräder |
| **Gewicht** | 1060–1120 kg |
| **$V_{max}$** | 250 km/h |

## Porsche 944, 944 S

Auf der IAA 1981 stellt Porsche den 944 vor, der dann Anfang des Folgejahres zu haben ist. Er wirkt erwachsener als der 924 auch dank eindrucksvoll ausgestellter Kotflügel. Technisch unterscheidet sich das Transaxlemodell vom 924 hauptsächlich durch den Motor. Das ist zwar auch ein Vierzylinder, aber keiner von Audi, sondern ein halbierter Achtzylinder vom 928 mit rund 2,5 Litern Hubraum. Die Preise beginnen bei 38.900 Mark, dafür bekommt der Kunde 163 PS, was ihn 233 km/h schnell macht. Im Dezember 1984 gibt es den Sportwagen auch mit Katalysator, der ihn aber etwas schwächer werden lässt, ebenso schwerer und vor allem langsamer.

Dafür gibt's mehr für die Augen wie die „Wählscheiben-Räder" vom 928, ebenso ein der Optik des großen Bruders angepasstes Armaturenbrett. Im August 1986 kommt das S-Modell hinzu: Der Vierzylinder erhält vier Ventile pro Arbeitseinheit. Im April 1988 kostet so ein Transaxle-S satte 67.365 Mark. Allerdings ist der Hubraum da bereits auf 2681 Kubik gewachsen, was 165 PS bedeutet und eine Bosch-Motronic ML3 statt der bisher verwendeten Bosch L-Jetronic.

| Technische Daten | Porsche 944, 944 S |
|---|---|
| **Bauart** | Coupé, Cabrio |
| **Baujahr** | 1980-1988 |
| **Motor** | Vierzylinder |
| **Hubraum** | 2479 und 2681 $cm^3$ |
| **Leistung** | 160–165 PS |
| **Getriebe** | Fünfgang-Handschalter |
| **Antrieb** | Hinterräder |
| **Gewicht** | 1220–1290 kg |
| **$V_{max}$** | 218–233 km/h |

**Porsche 911 Carrera 3.2**

Wiederum auf der IAA in Frankfurt präsentiert Porsche 1983 seinen runderneuerten 911 – genau 20 Jahre nach der Premiere des Heckmotorsportwagens. Zunächst unterscheidet sich der neue 911 Carrera 3.2 vom SC nur durch den Motor, der jetzt 3164 Kubikzentimeter groß ist und 231 PS (mit Kat ab 1986: 217 PS) leistet. Ab Frühling 1986 gibt es für 4000 Mark Aufpreis fürs Cabriolet ein elektrisches Verdeck.

Einen Hammer zeigt Porsche auf der IAA 1987. Die ersten Reaktionen auf das gestrippte Cabrio 911 Carrera 3.2 Speedster fallen verhalten aus, aber es gibt dennoch genug Fans, so dass Porsche eine Kleinserie auflegt. Im ersten Halbjahr 1989 werden 1680 Stück gebaut, alle im Turbo-Look, allerdings ohne den ausladenden Heckflügel. Pro Stück kostet so ein Sonder-Porsche inzwischen auch schon 110.000 Mark.

Tatsächlich läuft im Juli 1989 der letzte 911 in der bisherigen Ausführung vom Band – es ist Zeit für eine neue Generation. Damit endet übrigens auch die Karosserieproduktion im ehemaligen Reutter-Werk: Dort werden ab jetzt die Mercedes-Benz 500 E für den Stuttgarter Mitbewerber montiert.

| Technische Daten | Porsche 911 Carrera 3.2 |
|---|---|
| **Bauart** | Coupé, Targa, Cabriolet, Speedster |
| **Baujahr** | 1983–1989 |
| **Motor** | Sechszylinder-Boxer |
| **Hubraum** | 3164 $cm^3$ |
| **Leistung** | 217–231 PS |
| **Getriebe** | Fünfgang-Handschalter |
| **Antrieb** | Hinterräder |
| **Gewicht** | 1200–1290 kg |
| **$V_{max}$** | 240–250 km/h |

**Porsche 944 Turbo**

So manch einer fragt sich 1981, was das für ein merkwürdiger „Porsche 924 GTP" ist, der da in Le Mans mitrennt, sich als zuverlässigstes Auto des gesamten Starterfeldes erweist und einen sensationellen 7. Gesamtrang einfährt: Es ist die geheime Versuchsrennversion des Porsche 944 Turbo, intern als Typ 939 bezeichnet. Ab Juli 1985 wird der 944 Turbo dann offiziell angeboten – allerdings greifen nicht viele Kunden zu. Schade eigentlich, denn der 2+2-Sitzer besitzt durchaus vorzeigbare Fahrleistungen: 220 PS bringen das 1320 Kilo schwere Coupé in nur 6,5 Sekunden auf 100 km/h, das Auto rennt 249 km/h Spitze.

1988 spendiert Porsche eine kleine Kraftspritze auf 250 PS. Erst 1990/1991 gibt es auch eine Sonderserie des 944 Turbo als Cabriolet, die offene Version ist 60 Kilo schwerer als das Coupé. Offen macht der Wagen auch viel Spaß, allerdings rennt er 10 km/h langsamer. Alle Varianten konsumieren rund 15 Liter Sprit auf 100 Kilometer. Ist der 944 Turbo anfangs für 74.000 Mark zu haben, steigt der Preis bis zum Februar 1991 auf 97.175 Mark.

| Technische Daten | Porsche 944 Turbo |
|---|---|
| **Bauart** | Coupé, Cabrio |
| **Baujahr** | 1985–1991 |
| **Motor** | Vierzylinder-Turbo |
| **Hubraum** | 2479 $cm^3$ |
| **Leistung** | 220–250 PS |
| **Getriebe** | Fünfgang-Handschalter |
| **Antrieb** | Hinterräder |
| **Gewicht** | 1320–1450 kg |
| $V_{max}$ | 249–260 km/h |

## Porsche 928 S4

Der 928 S wird 1986 durch den 928 S4 ersetzt. Der neue Zusatz „4" bezieht sich nicht etwa auf Allradantrieb, sondern auf vier Ventile pro Zylinder. Das bedeutet eine günstigere Brennraumform mit geringerer Klopfneigung bei hoher Verdichtung, optimale Verbrennung durch die zentral angeordnete Zündkerze und dank besserer Verbrennung weniger Emissionen. Ein ähnlicher Motor mit 282 PS wird übrigens seit dem Vorjahr in den USA und in Japan in der Kat-Version des 928 S eingesetzt. Der 928 S4 kommt nun mit 20 Mehr-PS auf 320 Pferde – egal ob mit oder ohne Katalysator. Der Hubraum wächst von 4,7 auf fünf Liter.

Der S4 ist optional auch mit einer Mercedes-Automatik zu bekommen, dann wiegt er allerdings noch mehr (plus 20 Kilo) und sprintet eine halbe Sekunde langsamer. Zum Schluss kostet der Sportler satte 151.880 Mark – allerdings bereits mit der aufpreispflichtigen Viergang-Automatik. Und serienmäßig mit einem geschlossenem Tankentlüftungssystem – denn allein in Deutschland gelangen jährlich rund 60.000 Tonnen Kraftstoff durch offene Tankentlüftungen in die Atmosphäre.

| Technische Daten | Porsche 928 S4 |
|---|---|
| **Bauart** | Coupé |
| **Baujahr** | 1986–1991 |
| **Motor** | V8 |
| **Hubraum** | 4957 $cm^3$ |
| **Leistung** | 320 PS |
| **Getriebe** | Fünfgang-Handschalter |
| **Antrieb** | Hinterräder |
| **Gewicht** | 1600 kg |
| **$V_{max}$** | 270 km/h |

### Porsche 959

Man mag es kaum glauben, dass Anfang der 1980er Jahre der Begriff „Supercar" ein seltenes Fremdwort ist. Es ist zwar nicht überliefert, dass sich Porsche entschließt, ausdrücklich so etwas im Jahr 1987 zu bauen, aber die Stuttgarter stellen trotzdem eines auf die Räder: den 959. Auf der IAA 1983 wird bereits der erste Prototyp vom Publikum bewundert, zwei Jahre später ist er fast serienreif. Die Basis bildet der Porsche 911 Turbo, der Motor wird aus den Rennwagen 936 und 956 entlehnt.

Die Auslieferung beginnt erst 1987 – aber dafür mit allem, was aus einem Sportwagen ein Supercar macht: 450 PS, elektronisch gesteuerter variabler Allradantrieb, Registeraufladung, Sechsganggetriebe, Sprint in weniger als vier Sekunden, 315 km/h Spitze. Damit ist dieser Porsche das schnellste Serienauto der Welt – mit 420.000 Mark wohl auch das teuerste. Dafür hat es so spezielle Dinge wie das erste Reifenluftdruck-Kontrollsystem an Bord (auch im Rennwagen der Gruppe C eingebaut, in größerer Serie erst beim Porsche 928 ab 1989). Einige Käufer schreckt der Preis nicht, so dass 292 Stück entstehen. Nicht oft wird das Auto im Motorsport eingesetzt, bei der Rallye-Paris-Dakar allerdings schon – die es 1986 auch gewinnt.

| Technische Daten | Porsche 959 |
|---|---|
| **Bauart** | Coupé |
| **Baujahr** | 1987–1988 |
| **Motor** | Sechszylinder-Boxer |
| **Hubraum** | 2849 $cm^3$ |
| **Leistung** | 450 PS |
| **Getriebe** | Sechsgang-Handschalter |
| **Antrieb** | Allrad |
| **Gewicht** | 1450 kg |
| **$V_{max}$** | 315 km/h |

## Porsche 944 S2

Beim S2, der auf den 944 S folgt, vergrößert Porsche den Hubraum – das Dreiliteraggregat ist der größte Pkw-Serienvierzylinder der Welt. Mit mehr Kubik steigt auch die Kraft von 190 auf 211 PS. Das Cabrio ist 60 Kilo schwerer, was zehn km/h weniger Top-Speed bedeutet und eine halbe Sekunde beim Sprint von 0 auf 100 km/h kostet. War ABS vorher nur gegen Aufpreis zu haben, ist die Bremshilfe ab August 1988 serienmäßig eingebaut.

Auf der IAA 1985 zeigt Porsche erstmals den 944 als Cabriolet. Die Reaktion des Publikums lässt nur einen Schluss zu: bauen. Allerdings wird das Auto erst ab Januar 1989 realisiert, die ersten Kunden können es im April entgegennehmen. Den Bau des offenen 944 übernimmt die American Sunroof Corporation des Heinz Prechter, gefertigt wird es im deutschen Werk Weinsberg bei Heilbronn. Das S2-Cabriolet kostet in seinem letzten Verkaufsmonat 95.760 Mark.

| Technische Daten | Porsche 944 S2 |
|---|---|
| **Bauart** | Coupé, Cabriolet |
| **Baujahr** | 1988–1991 |
| **Motor** | Vierzylinder |
| **Hubraum** | 2990 $cm^3$ |
| **Leistung** | 211 PS |
| **Getriebe** | Fünfgang-Handschalter |
| **Antrieb** | Hinterräder |
| **Gewicht** | 1340–1400 kg |
| **$V_{max}$** | 230–240 km/h |

## Porsche 928 GT, 928 GTS

Im April optimiert Porsche den 928 zum GT als betont sportlichem Auto, bietet den S4 aber weiterhin an. GT bedeutet: mehr Kraft bei voller Komfort- und Luxusausstattung. Um den sportlichen Anspruch zu unterstreichen, ist der GT nicht mit Automatik zu haben, der S4 dagegen nicht mehr mit dem handgeschalteten Getriebe. Mit 330 PS dank geänderter Nockenwellen und überarbeiteter Motorsteuerung ist der 928 GT absolut standesgemäß ausgestattet: Der Sprint gelingt in 6,5 Sekunden, 275 km/h Spitze machen auf der Autobahn ordentlich etwas her.

Das Fahrwerk ist gestrafft, die Leichtmetallräder sind noch breiter geworden. Zum Schluss der Transaxle-Zeit setzen Zuffenhausen und Weissach 1992 noch einen drauf: Der 928 GTS beschließt die Frontmotorzeit der Porsche bis auf weiteres, aber mit einem Ausrufezeichen als perfekter klassischer Grand Turismo. Der Motor hat 5,4 Liter, 350 PS und 500 Nm maximales Drehmoment. Wer so überlegen motorisiert und trotzdem komfortabel (automatische Klimaanlage und Symphony-Radio mit RDS und Sendererkennung serienmäßig) reisen will, muss allerdings zum Schluss im Jahr 1995 genau 167.890 Mark hinblättern.

| Technische Daten | Porsche 928 GT, 928 GTS |
|---|---|
| **Bauart** | Coupé |
| **Baujahr** | 1989–1995 |
| **Motor** | V8 |
| **Hubraum** | 4597–5396 $cm^3$ |
| **Leistung** | 330–350 PS |
| **Getriebe** | Fünfgang-Handschalter |
| **Antrieb** | Hinterräder |
| **Gewicht** | 1600–1620 kg |
| **$V_{max}$** | 275 km/h |

## Porsche 911 Carrera 2, 911 Carrera 4

1988 bringt Porsche einen neuen 911. Der Hammer: Der nach wie vor luftgekühlte 964 bringt als Carrera 4 Allradantrieb mit. Das Modell bekommt (natürlich) einen Sechszylinder-Boxer mit 3,6 Litern Hubraum und 250 PS trotz Metall-Kats. Nach guter alter Sitte gibt es den 911 Carrera zunächst in drei Karosserieformen, später kommt ein Speedster mit verkürzter Windschutzscheibe und manuellem Notverdeck hinzu. 1989 bietet Porsche den Carrera auch als rein hinterradgetriebenen 911er an, dann heißt er Carrera 2.

Mehr als 80 Prozent aller Bauteile sind neu, die Bodengruppe ebenso wie das Fahrwerk. Der 911 hat nun ABS und Servolenkung. Die wuchtigen Stoßfänger sind heiß diskutiert, aber Bestandteil des Aerodynamikkonzeptes. Der Heckspoiler besitzt einen Elektromotor, der dafür sorgt, dass die Flügelhilfe bei 80 km/h aus- und bei zehn km/h wieder einfährt. Die Cabriovarianten werden inzwischen serienmäßig mit elektrischem Verdeck ausgeliefert.

Der Motor leistet nun 250 PS inklusive Doppelzündung und digitaler Motorelektronik. Kostet der Carrera 4 als Coupé bei Einführung 114.500 Mark, ist der Carrera 2 „schon" ab 103.500 Mark zu haben. Auf Wunsch wird der Carrera 2 ab Anfang 1990 auch mit Viergang-Tiptronic ausgerüstet. Der 964 ist ein großer Erfolg für Porsche: Vom Carrera 2 entstehen 18.219 Coupés, 3534 Targa und gut 11.000 Cabrios, vom Carrera 4 13.353 Coupés, 1329 Targa und 4802 Cabrios.

| Technische Daten | Porsche 911 Carrera 2, 911 Carrera 4 |
|---|---|
| **Bauart** | Coupé, Cabriolet, Targa, Speedster |
| **Baujahr** | 1988–1993 |
| **Motor** | Sechszylinder-Boxer |
| **Hubraum** | 3600 $cm^3$ |
| **Leistung** | 250 PS |
| **Getriebe** | Fünfgang-Handschalter |
| **Antrieb** | Hinterräder, Allrad |
| **Gewicht** | 1400–1450 kg |
| **$V_{max}$** | 260 km/h |

S VK 993

Kapitel 7

# Von der Luft zum Wasser

1990–1999

*Die erste wirklich komplette Neukonstruktion des nach über zwei Jahrzehnten doch leicht in die Jahre gekommenen Ur-911 ist die Baureihe 964.*

Am 21. Mai 1990 läuft der dreimillionste Trabant vom Band. Allein vom Typ 601 haben insgesamt mehr als 2,5 Millionen Stück das Werk in Zwickau verlassen. Das Plastik-Auto ist das Symbol der deutschen Wiedervereinigung, die am 3. Oktober 1990 vollzogen wird. Porsche schließt indes mit Daimler-Benz einen Vertrag, der besagt, dass Porsche das Sondermodell Mercedes 500 E baut – ein Power-Benz mit V8-Motor. Praktisch sieht das so aus: Porsche stellt die Karosserien her, Daimler lackiert sie und versorgt sie mit Innenausstattung. Danach gelangen die Halbprodukte wieder zu Porsche, wo der Motor eingebaut wird. Ferry Porsches Sohn Ferdinand Alexander beerbt seinen Vater als Aufsichtsratschef, und am 10. März wird Arno Bohn neuer Porsche-Chef.

Mit der deutschen Vereinigung kommt zunächst Freude auf – aber auch das eine oder andere Problem: Die Kosten zur Sanierung des ostdeutschen Straßennetzes werden 1991 auf 62 Milliarden Mark geschätzt. Die Bevölkerung lacht trotzdem, zum Beispiel über den Film „Manta Manta", dem unzählige Blondinen- und Mantawitze folgen. Die Deutschen räkeln sich im Auto gerne auf Holzkugelauflagen. Porsche rüstet auf, indem jetzt alle Serienmodelle mit Fahrer- und Beifahrerairbags ausgestattet werden. Wie unpassend, dass der neue Chef Arno Bohn in Weissach einen für Daytona präparierten Porsche Turbo S an eine Mauer fährt und sich verletzt.

*Ein wichtiges Geschäft für Porsche: Ab 1990 stellen Zuffenhausen und Sindelfingen den schnellen Über-Benz 500 E in Kooperation her.*

Auch nicht schön: Der 969 (Typnummer 965) erhält keine Serienfreigabe. Fast zehn Jahre lang ist am Abkömmling des 959 gebastelt worden, der auf der Plattform des Carrera 4 steht und mit einem Biturbo-3.5-Liter-Boxer bestückt ist. Porsche baut sogar 16 Prototypen. In Planungen waren einst 2500 Exemplare à 180.000 Mark.

1992 startet ein erster größerer Feldversuch mit Elektroautos in Deutschland: Auf Rügen fahren 60 Stromer von fünf verschiedenen Herstellern mit unterschiedlichen Batteriesystemen. In einem Forschungsvorhaben, das von der Regierung unterstützt wird, soll bis 1996 festgestellt werden, welche Batterien am besten geeignet sind.

Auch Porsche bekommt neue Power: Im Herbst wird Wendelin Wiedeking Vorstandschef. Er löst Arno Bohn ab. Wiedeking hat gleich eine Menge Probleme: Der Absatz in den USA fällt auf dramatische 4388 Autos, und der 968 findet nicht den gewünschten Anklang. Selbst der Verkauf des 911 stagniert. Der 928 GTS ist zu teuer, der Dollar ist nur noch 1,40 Mark wert. Stellen werden gestrichen, Porsche muss sogar erstmals Kurzarbeit anmelden.

1993 präsentiert Porsche wieder ein Gemeinschaftsprojekt, diesmal mit Audi: Der Audi RS2 (Basis: Audi 80 Avant) geht Anfang 1994 in Produktion. Audi bringt die lackierten Karosserien zu Porsche, dort wird der Rest montiert. Der Motor ist ein 315 PS starker, 2226 Kubik großer Turbo Fünfzylinder. Porsche selbst bringt mit dem Typ 993 den letzten luftgekühlten 911er auf den Markt. Der ist wichtig, weil er nach Einstellung von 968 und 928 im Jahr darauf der einzige Wagen im Portfolio vor dem kommenden Porsche Boxster ist. Er bleibt fünf Jahre und sichert Porsche letztlich das Überleben. Im Oktober 1994 wird der 10.000. Mercedes 500, jetzt als erste „E-Klasse" mit dem Buchstaben vor der Zahl, mit Porsche-Motor gebaut.

*Es bleibt beim Prototypen-Bau: Aus dem 969, einem nach dem 959 geplanten Supercar, wird am Ende nichts.*

*Legendärer Rennkombi: Auch die Zusammenarbeit beim Bau des Audi RS2 ist ein lohnendes Projekt für Porsche.*

*Der neue für die 90er: 1993 kommt der Elfer mit der Typnummer 993, hier als Carrera 4S.*

Strom ist als Kraftstoff im Jahr 1995 noch kein Thema: Nur 0,01 Prozent aller zugelassenen Autos sind elektrisch angetrieben – das sind etwa 4500 Stück. Die Entwickler kümmern sich lieber um Dinge wie Leuchtdioden, die in Tachometern die Skalen erhellen. Sie garantieren perfekte Farbsättigung, sehr gleichmäßige Ausleuchtung und verschleißfreien Betrieb.

Davor wurden Instrumente mit Glühbirnen von außen angestrahlt oder später durch ein teilweise transparentes Zifferblatt von hinten durchleuchtet. Porsche verkauft im Kalenderjahr 1995 mit 16.041 Exemplare des 993 etwas weniger als im Vorjahr. Der Carrera 4 dagegen geht blendend mit 5032 Stück. Porsche macht somit erstmals nach drei Jahren Hungerzeit wieder Gewinn. Grund ist die höhere Produktivität.

Am 15. Juli 1996 läuft bei Porsche der einmillionste Wagen vom Band. Und es entsteht ein einziger 993-Speedster – ein Solitär für Butzi Porsche. 1997 wird für einen Stuttgarter Autobauer zum Debakel-Jahr – der heißt allerdings nicht Porsche: Im so genannten „Elchtest" (Ausweichtest) wirft ein schwedischer Journalist die neue A-Klasse von Mercedes um. Tatsächlich handelt es sich um ein Konstruktionsproblem – die Schwaben müssen nachbessern.

Dagegen macht der britische Pilot Andy Green seinen Job bestens: Der furchtlose Flieger fährt 1233 km/h mit dem „Auto" Thrust SSC – neuer Temporekord für Bodenfahrzeuge. Der Boxster wird wegen großer Nachfrage jetzt auch in Finnland produziert. Und Porsche ist der erste Hersteller, der (gemeinsam mit Sony) ein Videospiel auf den Markt bringt: „Porsche Challenge". Da lässt sich ein Boxster virtuell auf dem Weissacher Testgelände fahren.

Einzelstück: Der 993 Speedster ist ein Special für Butzi Porsche.

Gute Idee: 1997 stellt Porsche dem Elfer den Boxster zur Seite, der als rasanter Mittelmotor-Roadster Furore macht.

Das Jahr 1998 markiert den Höhepunkt der Fusionitis der Autobauer: Die Autoindustrie zählt weltweit mehr als 600 Zusammenschlüsse und Übernahmen. Ende der 90er erlebt der legendäre Wackeldackel ein unerwartetes Comeback, nachdem er in einem Fernseh-Werbespot eine Rolle gespielt hat. Während der Wackeldackel offenbar ein langes Leben hat, kommen 1998 auf Deutschlands Straßen rund 200.000 Rehe, 8800 Wildschweine und 4200 Stück Dam- und Rotwild unter die Räder.

Porsche trauert um „Ferry" Ferdinand Porsche, der im Alter von 88 Jahren am 27. März stirbt. Vier Tage später läuft in Stuttgart-Zuffenhausen der letzte luftgekühlte Porsche 911 vom Band. Damit geht eine 50-jährige Ära zu Ende. Inklusive Turbo und 959 sind insgesamt 410.402 luftgekühlte Porsche entstanden, ohne Turbo sind es 377.824 Stück. Käufer des letzten Wagens, ein Carrera 4 S, ist der amerikanische Fernsehstar Jerry Seinfeld. Das Geschäftsjahr 1997/98 beendet Porsche mit dem höchsten Überschuss der Firmengeschichte: knapp 277 Millionen Mark.

1999 verändert die Geld-Welt: In elf Ländern der Europäischen Union wird der Euro eingeführt, zunächst als Buchgeld (in bar erst drei Jahre später). Und in Hamburg wird am 12. Januar Europas erste öffentliche Wasserstoff-Tankstelle für die Nutzung freigegeben. Die Porsche AG stellt auf der Internationalen Automobilausstellung (IAA) in Frankfurt am 16. September die erste Keramik-Bremsscheibe vor: „PCCB" ist eine sehr leichte, sehr teure Scheibe aus Carbonfaser-verstärkter Keramik. Sie wird in den Porsche 911 Turbo eingebaut.

*Trauerfeier für Ferry Porsche: Wolfgang Porsche erinnert an seinen Vater.*

*Das Ende einer Ära: In Zuffenhausen läuft der letzte rein luftgekühlte 911 vom Band.*

### Porsche 911 Turbo, 911 Turbo S

Ab März 1990 hat Porsche wieder einen Turbo im Programm – den Typ 964 mit 320 PS und Metall-Kat. Die Kunden fliegen drauf – nach überraschenden 3400 Bestellungen muss Porsche eine Lieferzeit von zwei Jahren ankündigen. Ab 1991 hat der Turbo – wie Carrera 2 und Carrera 4 – serienmäßig Airbags für Fahrer und Beifahrer. Er ist erkennbar an den ausgestellten Kotflügeln. Der große Heckflügel verbirgt einen größer gewordenen Ladeluftkühler. Die 17-Zoll-Räder und -Reifen haben sich vorher schon in der Cup-Version des Carrera 2 bewährt.

Bei Einführung kostet der Turbo als Coupé satte 178.500 Mark. Er ist auch als Cabrio zu haben. In 5,5 Sekunden sprintet das Auto auf 100 km/h. Dass es rund 20 Liter Super im Mix verbraucht (und bei passionierter Fahrweise auch wesentlich mehr), stört keinen ausgeglichenen Porsche-Geist. 1992 präsentiert Porsche in Genf eine Sonderform des Turbo, den „911 Turbo Leichtbau", der dann offiziell Turbo S genannt wird. Die Leistung steigt um 20 Prozent auf 381 PS, damit gelingt der Sprint in 4,7 Sekunden. Überhaupt liegen die Fahrleistungen fast auf dem Niveau des 959. Der Turbo S wird nur 180 Mal gebaut.

| Technische Daten | Porsche 911 Turbo, 911 Turbo S |
|---|---|
| **Bauart** | Coupé, Cabrio |
| **Baujahr** | 1990–1993 |
| **Motor** | Sechszylinder-Boxer, Turbolader |
| **Hubraum** | 3299 $cm^3$ |
| **Leistung** | 320–381 PS |
| **Getriebe** | Fünfgang-Handschalter |
| **Antrieb** | Hinterräder |
| **Gewicht** | 1290–1470 kg |
| **$V_{max}$** | 270–290 km/h |

### Porsche 911 Carrera RS, 911 Carrera RS 3.8, 911 Carrera RSR 3.8

Der zweite RS nach dem Entenbürzelmodell aus den 1970ern gerät um volle 175 Kilo leichter als der Serien-911 Typ 964. Außerdem ist er um zehn PS stärker, was ihm einen Sprint in 5,2 Sekunden ermöglicht. Was fehlt, ist der charakteristische feststehende Spoiler am Heck – der wird ersetzt durch ein elektrisch bewegtes Bauteil. 260 PS treiben das rund 1200 Kilo schwere Auto vehement an, das nun statt Drehstäben Schraubenfedern hat, die härter sind als die Preisgestaltung: 145.450 Mark kostet so ein Straßenrennwagen – inklusive serienmäßiger Magnesium-Felgen, ungedämmtem Boxersound zum fröhlichen Taubwerden und einer servofreien Lenkung, die das Fitnessstudio überflüssig macht.

Der ziemlich schmale Grenzbereich wird dazu beigetragen haben, dass heute nicht mehr alle 2282 Stück existieren. Noch schärfere Versionen sind der 911 Carrera RS 3.8 (1210 Kilogramm) und das Schwestermodell Carrera RSR 3.8 (1249 Kilo). Porsche legt diese Straßen-Sonderserien 1993 auf. Deren Sechszylinder-Boxer leisten 300 PS, was für 275 km/h reicht. Nur 90 Stück werden gebaut.

| Technische Daten | Porsche 911 Carrera RS, 911 Carrera RS 3.8, 911 Carrera RSR 3.0 |
|---|---|
| Bauart | Coupé |
| Baujahr | 1991–1993 |
| Motor | Sechszylinder-Boxer |
| Hubraum | 3600–3746 $cm^3$ |
| Leistung | 260–300 PS |
| Getriebe | Fünfgang-Handschalter |
| Antrieb | Hinterräder |
| Gewicht | 1210–1320 kg |
| $V_{max}$ | 263–275 km/h |

## Porsche 968

Der Typ 968 markiert die letzte, aber auch die sportlichste und Porsche-typischste Ausbaustufe des Porsche 924 – aber er kommt nicht überall gut an: Ihm wird (wie schon dem 924) ein Softie-Image angeheftet, manche nennen auch ihn einen „Hausfrauenporsche". Dabei ist der 968 der beste 924, den es gibt: Mit 240 PS und vor allem 305 Nm ist der Motor der drehmomentstärkste Dreiliter-Sauger im Serienbau. Das Getriebe bietet – erstmals bei Porsche – serienmäßig sechs Gänge, wahlweise ist die Tiptronic zu haben.

Die Bremse hat sich in Rennen bewährt, Airbags für Fahrer und Beifahrer sind serienmäßig eingebaut, große runde Klappscheinwerfer stehen für eine neue Transaxle-Zeit. Die Coupé-Karosserie glänzt mit ausgezeichnetem Luftwiderstandsbeiwert, die Hinterachse bekommt nur sehr wenig Auftrieb. Das Cabriodach ist fest, hält warm und kann elektrisch betätigt werden. Wild sind die angebotenen Farben wie Mintgrün, Maritimblau, Himbeerrot und Amarantviolett.

| Technische Daten | Porsche 968 |
|---|---|
| **Bauart** | Coupé, Cabrio |
| **Baujahr** | 1991–1995 |
| **Motor** | Vierzylinder |
| **Hubraum** | 2990 $cm^3$ |
| **Leistung** | 240 PS |
| **Getriebe** | Sechsgang-Handschalter |
| **Antrieb** | Hinterräder |
| **Gewicht** | 1370–1470 kg |
| **$V_{max}$** | 250 km/h |

## Porsche 968 CS

Der CS ist die Clubsport-Ausgabe des 968. Das bedeutet: leichter. wirtschaftlicher, preisgünstiger – also Verzicht auf kleine Servomotoren etwa für die Fensterheber, beheizbare Außenspiegel, Scheibenwaschdüsenheizungen, Leuchtdiodentürknöpfe, elektrische Heckklappenverriegelung und so weiter und so fort. Rücksitze gibt es auch nicht, und in Sachen Batterie reicht eine kleine Ausführung.

Insgesamt gerät der CS um 50 Kilogramm leichter als der Basis-968. Damit man das Auto auch als CS erkennt, werden bei diesem Modell die Felgen grundsätzlich in Wagenfarbe lackiert. An der Leistung wird nicht geschraubt, 240 PS sind gesetzt. Damit sprintet der Clubsport in 6,5 Sekunden auf 100 km/h. Die Philosophie des reinen Sportwagens scheint auf den 968 CS perfekt zu passen.

| Technische Daten | Porsche 968 CS |
|---|---|
| **Bauart** | Coupé |
| **Baujahr** | 1992 |
| **Motor** | Vierzylinder |
| **Hubraum** | 2990 cm³ |
| **Leistung** | 240 PS |
| **Getriebe** | Sechsgang-Handschalter |
| **Antrieb** | Hinterräder |
| **Gewicht** | 1370 kg |
| **$V_{max}$** | 252 km/h |

## Porsche 968 Turbo S

Im Frühjahr 1993 bringt Porsche in einer Kleinserie den 968 als Turbo S mit 305 PS – die Basis ist der 968 CS. Ursprünglich ist er als 968 Turbo RS für den Rennsport entwickelt worden, aber der sehr sportlich orientierte Kunde soll auch etwas davon auf öffentlicher Straße haben. Es entstehen sicher nicht mehr als 100 Exemplare, aufgebaut in der Rennabteilung von Weissach. Mit Sportkupplung wird der Sprint in fünf Sekunden absolviert.

Um die Belastungen auszuhalten, hat Porsche das gesamte Fahrwerk überarbeitet. Die Karosserie liegt 20 Millimeter tiefer als die des 968 CS, Federn und Dämpfer sind gestrafft. Die Bremsanlage stammt vom 911 Turbo S. Der Wagen schafft mehr als 280 km/h. Zu erkennen ist der Sonder-Turbo an zwei zusätzlichen Öffnungen in der Motorhaube, einer vergrößerten Hauptöffnung vorne und einer Spoilerlippe. Aus Gewichtsgründen verzichtet der Turbo-Besitzer auf elektrische Fensterheber, Zentralverriegelung, PVC-Beschichtung des Unterbodens und Fondsitze. Der Preis für das schnelle Sportcoupé: 175.000 Mark.

| Technische Daten | Porsche 968 Turbo S |
|---|---|
| **Bauart** | Coupé, Cabrio |
| **Baujahr** | 1993 |
| **Motor** | Vierzylinder-Turbo |
| **Hubraum** | 2990 $cm^3$ |
| **Leistung** | 305 PS |
| **Getriebe** | Sechsgang-Handschalter |
| **Antrieb** | Hinterräder |
| **Gewicht** | 1300 kg |
| **$V_{max}$** | 284 km/h |

## Porsche 911 Turbo 3.6

Im Januar 1993 startet die Produktion des 911 Turbo 3.6. Offiziell heißt das Auto Typ 964 Turbo. Das Modell soll das bisherige Manko der Turbo-911er (zu wenig Drehmoment im unteren Drehzahlbereich) vergessen lassen. Der Neue kommt mit 520 Nm statt 450 Nm beim 3.3 Turbo, die Leistung steigt auf 360 PS bei nur 5500 Umdrehungen. Da mit der Drehmomenterhöhung auch die Kupplungs-Anpresskraft steigt, wird die Pedalerie neu konstruiert, auf dass auch Nichtsportler imstande seien, den Kraftschluss zu trennen.

Die Höchstgeschwindigkeit beträgt 280 km/h, der Sprint bei stehendem Start dauert im besten Falle 4,8 Sekunden. Trotz allem verbraucht der 3.6 Turbo weniger Sprit als sein Vorgänger. Die Räder wachsen auf 18 Zoll, das Auto steht dank großer Vierkolben-Festsattel-Aluminiumbremszangen sowie perforierten und innenbelüfteten Bremsscheiben aus Tempo 100 km/h in 2,8 Sekunden. Die Ausstattung ist vom Feinsten: Klimaanlage, elektrische Sitzverstellung, ohne Mehrpreis ein CD-Player.

| Technische Daten | Porsche 911 Turbo 3.6 |
|---|---|
| **Bauart** | Coupé |
| **Baujahr** | 1993 |
| **Motor** | Sechszylinder-Boxer-Turbo |
| **Hubraum** | 3600 cm³ |
| **Leistung** | 360 PS |
| **Getriebe** | Fünfgang-Handschalter |
| **Antrieb** | Hinterräder |
| **Gewicht** | 1470 kg |
| **$V_{max}$** | 280 km/h |

**Porsche 911 Carrera 2, 911 Carrera 4, 911 Carrera 2 S, 911 Carrera 4 S**

Genau 30 Jahre nach der Präsentation des ersten 911 kommt die neue Generation, intern Typ 993 genannt. An der markanten Form haben die Designer zum Glück nur behutsam gearbeitet – deutlich neu sind die Ellipsoid-Scheinwerfer als eine Funktionseinheit. Der ausfahrbare Heckspoiler ist in der Motorklappe integriert. Ganz neu sind das durchgehende Leuchtenband hinten sowie die niedrigen Vorderkotflügel. Beides sorgt optisch für eine niedrige und sportive Linie.

Innen gibt es unter anderem ein neues, kleines Airbag-Lenkrad und neu gestaltete Lenkstockhebel. Der Basis-Carrera sprintet in 5,2 Sekunden von 0 auf 100 km/h, der Grenzbereich ist weit entfernt vom Üblichen, und sollte man ihn dennoch erreichen, quittiert das Auto solches Tun mit nur leichtem Übersteuern. Die Leistung entfaltet sich gleichmäßig, die Bremsen sind eine Wucht. Zu diesem Zeitpunkt glauben selbst erfahrene Tester nicht, dass man den 911 noch viel besser machen kann – zumal er auch noch voll alltagstauglich ist.

Die Motorisierung beginnt im Carrera 2 mit 272 PS, eine Sechsgang-Handschaltung ist ebenfalls Serie (Tiptronic S ab 1995). Ganz neu ist die Hinterachse, die als LSA-Achse bekannt wird: „Leichtbau", „Stabilität" und „Agilität" dank Mehrlenkerachse mit Fahrschemel. Basispreis für das Carrera-Coupé: 125.760 Mark. 1994 ist das Auto auch als Cabrio zu haben, ebenfalls als Carrera 4 mit Allradantrieb, was ein Mehrgewicht von nur 50 Kilo bedeutet.

Im Modelljahr 1996 bekommt der Carrera 285 PS – dank verbesserter Sauganlage namens Variocam, die die Motorcharakteristik optimiert. Eine Targa-Variante folgt 1997 auf Basis des Cabriolets. Im gleichen Jahr kommt noch der Carrera S, der sich hauptsächlich in der Ausstattung vom Basis-Carrera unterscheidet. Just da verabschiedet sich der luftgekühlte Elfer: 1998 geht der Verkauf von luft- und wassergekühlten 911ern ineinander über …

| Technische Daten | Porsche 911 Carrera 2, 911 Carrera 4, 911 Carrera 2S, 911 Carrera 4S |
|---|---|
| **Bauart** | Coupé, Cabriolet, Targa |
| **Baujahr** | 1993–1998 |
| **Motor** | Sechszylinder-Boxer |
| **Hubraum** | 3600 $cm^3$ |
| **Leistung** | 272–285 PS |
| **Getriebe** | Sechsgang-Handschalter |
| **Antrieb** | Hinterräder |
| **Gewicht** | 1370–1450 kg |
| **$V_{max}$** | 270–276 km/h |

**Porsche 911 Speedster**

Porsche baut tatsächlich einen Speedster vom Typ 993 auf Basis des Cabriolets – aber nur ein einziges Exemplar. Besondere Kennzeichen des Special für Butzi Porsche: verkürzte Windschutzscheibe und manuelles Notverdeck. Eine formschöne Haube in „Double-Bubble-Form" lässt das dünne Dach vollständig verschwinden. Ins rote Leuchtenband hinten sind Rückfahr- und Nebelschlussleuchten integriert, zum Heckdeckel gehört ein automatisch ausfahrbarer Heckspoiler. Der Sprint gelingt in 6,6 Sekunden, und der gute Herr Porsche kann 123 Liter Gepäck unterbringen.

| Technische Daten | Porsche 911 Speedster |
|---|---|
| **Bauart** | Speedster |
| **Baujahr** | 1995 |
| **Motor** | Sechszylinder-Boxer |
| **Hubraum** | 3600 $cm^3$ |
| **Leistung** | 272 PS |
| **Getriebe** | Automatik |
| **Antrieb** | Hinterräder |
| **Gewicht** | 1395 kg |
| **$V_{max}$** | 265 km/h |

## Porsche 911 Carrera RS

Der renntauglichste Carrera Typ 993 wird 1995 in Amsterdam vorgestellt und richtet sich an Rennfahrer mit Straßenambitionen. Zur Homologation muss Porsche 1000 Stück 911 Carrera RS bauen; die Firma hofft auf einen Absatz von 1200 Stück. Das Auto kostet mal eben 147.900 Mark. Dafür fehlen elektrische Fensterheber, die Zentralverriegelung, die Airbags, die Rücksitze. Stattdessen gibt es extrem leichte Sitzschalen, Dünnglasscheiben und eine Fronthaube aus Aluminium.

Das Auto wirkt kräftig rund dank aufgeblasener Backen, Heckspoiler und Frontschürze. Es besitzt Gimmicks wie einstellbare Stabilisatoren. Hosenträgergurte rauben den Insassen den Atem. Der RS wiegt volle 100 Kilo weniger als die Basis, ist aber 28 PS stärker. Nur: Wirklich bessere Fahrleistungen als der normale Carrera S bringt das Auto kaum zustande, auch wenn der 300-PS-Motor bei 7000 Umdrehungen wunderbar röcheln kann. Allerdings haben es die Ingenieure durch ein paar Tricks wie variable Saugrohrlänge geschafft, den Wagen auch im Straßenverkehr gut fahrbar zu machen. Es gibt auch eine Clubsportversion, für die muss man schon 164.700 Mark hinlegen.

| Technische Daten | Porsche 911 Carrera RS |
|---|---|
| **Bauart** | Coupé |
| **Baujahr** | 1994 1995 |
| **Motor** | Sechszylinder-Boxer |
| **Hubraum** | 3746 $cm^3$ |
| **Leistung** | 300 PS |
| **Getriebe** | Sechsgang-Handschalter |
| **Antrieb** | Hinterräder |
| **Gewicht** | 1270 kg |
| **$V_{max}$** | 277 km/h |

## Porsche 911 Turbo

Im März 1995 zeigt Porsche auf dem Genfer Salon den neuen Porsche Turbo, Typ 993. Zwei kleine Turbolader befeuern den 3,6-Liter-Sechszylinder-Boxer, was für hervorragende 540 Nm maximales Drehmoment und 408 PS sorgt. Besonders in den unteren Gängen beschleunigt der Wagen wie eine Rakete, ist nur leicht untersteuernd und lässt sich somit – im Gegensatz zum Ur-Turbo – recht leicht dirigieren. Der Sprint gelingt in 4,5 Sekunden, das Top-Tempo beträgt 292 km/h. Die Räderspeichen sind erstmals hohl, was ein Rad um 2,3 Kilo leichter werden lässt, was wiederum kleinere ungefederte Massen bedeutet.

Überhaupt steckt in dem Porsche alles, was gut und teuer ist: Litronic-Abblendscheinwerfer, exklusive Farben wie Arenarotmetallic, nagelneue Sportsitze, vollautomatische Klimaanlage, Alarmsystem mit Innenraumüberwachung, Kassetten- oder CD-Radiogerät mit Klangpaket. Das hat natürlich seinen Preis: Zum Marktstart muss man 212.040 Mark bezahlen. Wer mehr will, kann bei „Porsche Exclusive" anklopfen: Da bekommt man für den Turbo bis zu 450 PS auf Basis des GT2-Rennmotors. Insgesamt verkauft Porsche 6314 Stück vom 993 Turbo.

| Technische Daten | Porsche 911 Turbo |
|---|---|
| **Bauart** | Coupé |
| **Baujahr** | 1995 1998 |
| **Motor** | Sechszylinder-Boxer-Biturbo |
| **Hubraum** | 3600 $cm^3$ |
| **Leistung** | 408 PS |
| **Getriebe** | Sechsgang-Handschalter |
| **Antrieb** | Allrad |
| **Gewicht** | 1505 kg |
| **$V_{max}$** | 292 km/h |

## Porsche Boxster, Boxster S

Der Porsche Boxster, Typ 986, soll der legitime Nachfolger des 550 Spyder aus den 50er Jahren sein. Das im Vergleich zur Konkurrenz gute Platzangebot und der schon in der Basisvariante 204 PS starke Sechszylinder-Boxer überzeugen Presse und Fans – der Boxster ist auch mit dem kleinen Motor ein Porsche. Das Handling ist präzise, die Bremsen leistungsfähig. Der Boxster schafft es als Mittelmotorauto, ein bisschen vom Glorienschein des 550 Spyder auf sich zu ziehen, allerdings ist er wesentlich einfacher zu fahren.

Das Cabriolet verhält sich weitgehend neutral – das gilt auch für die hubraumgrößere und stärkere S-Version. Die glänzt außer mit mehr Kraft (plus 48 PS) mit einem zusätzlichen Gang, was den Fahrspaß noch einmal erhöht. Die Vorteile in Sachen Fahrleistungen sind dagegen marginal – zehn km/h mehr Top-Tempo und eine um 0,7 Sekunden bessere Beschleunigung von 0 auf 100 km/h bedeuten nicht die Welt. Bis 2003 steigt die Kraft beim normalen Boxster bis auf 228 PS, beim Boxster S auf 260 PS.

| Technische Daten | Porsche Boxster, Boxster S |
| --- | --- |
| **Bauart** | Cabriolet |
| **Baujahr** | 1997–2004 |
| **Motor** | Sechszylinder-Boxer |
| **Hubraum** | 2480–3179 $cm^3$ |
| **Leistung** | 204–260 PS |
| **Getriebe** | Fünfgang-, Sechsgang-Handschalter |
| **Antrieb** | Hinterräder |
| **Gewicht** | 1250–1320 kg |
| **$V_{max}$** | 240–264 km/h |

## Porsche 911 Carrera 2, 911 Carrera 4

Ferry Porsche soll einst in Richtung Porsche 911 gesagt haben: „Wenn man drauftritt, muss er schießen." Das tut der neue 911 Typ 996. Auch wenn der Aufschrei der Hardliner groß ist, denn der Motor im 911 ist erstmals wasser- statt luftgekühlt. Die Besonnenen dagegen loben den 300 PS starken Boxer als vibrationsfrei, sie freuen sich über die ausgezeichnete Traktion auch beim rein hinterradgetriebenen Carrera und über das angenehme und zügige Hochschalten. Das Heckmotorauto gilt inzwischen als absolut gutmütig, so dass man nicht unbedingt zur Allradversion Carrera 4 greifen muss, die dem Carrera 2 im Jahr 1999 folgt. Die profiliert sich besonders bei Nässe und Schnee.

Weniger erfreut sind die Fans von den „Tränensäcken" am Auto – womit sie die Form der Scheinwerfer meinen, die manchen auch an Spiegeleier erinnern. Überhaupt die Front: Wegen des Gleichteilekonzepts sieht sie dem neu vorgestellten Boxster ähnlich, was 911-Fans ärgert. Allerdings ist die Aerodynamik ausgezeichnet, der Wagen wiegt mit 1320 Kilo sehr wenig in dieser Fahrzeugklasse. Ein Kunde kommt gegen Zahlung von mindestens 135.610 Mark in den Genuss des neuen Elfers. 2002 wird der Boxermotor auf 3,6 Liter aufgebohrt, die Leistung steigt auf 320 PS

| Technische Daten | Porsche 911 Carrera 2, 911 Carrera 4 |
|---|---|
| **Bauart** | Coupé, Cabriolet, Targa |
| **Baujahr** | 1998–2004 |
| **Motor** | Sechszylinder-Boxer |
| **Hubraum** | 3387–3598 $cm^3$ |
| **Leistung** | 300–320 PS |
| **Getriebe** | Sechsgang-Handschalter |
| **Antrieb** | Hinterräder, Allrad |
| **Gewicht** | 1320–1565 kg |
| **$V_{max}$** | 280–287 km/h |

# Das Porsche-Wappen

1951 scheinen die Deutschen noch keinen Sinn für Wettbewerbe zu haben, deren Ziel es ist, einer jungen und aufstrebenden Automarke zu einem passenden Logo zu verhelfen. Jedenfalls führt der Versuch, die Öffentlichkeit an der Findung eines Porsche-Logos zu beteiligen, zu gar nichts. Dennoch besteht Porsche-Importeur Max Hoffmann, Amerika-Kenner und Marketing-Profi, bei einem Besuch von Ferry Porsche in den USA auf einem optischen Qualitätssiegel für die deutschen Sportwagen – die Amerikaner sind es so gewohnt. Herr Porsche sieht die Notwendigkeit ein und beauftragt Werbeleiter Herrmann Lapper und Konstrukteur Franz Xaver Reimspieß, der bereits das VW-Logo entworfen hat, mit der Vorlage von Ideen.

Von Reimspieß stammt die Urform des Porsche-Logos: goldener Schild, das aufsteigende Pferd des Stuttgarter Stadtwappens (ein Schelm, wer dabei nach Italien schielt – auch wenn der Gaul den Ursprung Stuttgarts erklärt aus einem Gestüt oder „Stuotgarten" oder „Stutengarten", das um 950 gegründet wurde). Die Stadt Stuttgart genehmigt Porsche die Nutzung im ansonsten dem Württembergischen Wappen entsprechenden Logo plus den Namen des Unternehmens und der Stadt.

Allerdings wird noch eine andere Geschichte kolportiert. Nämlich die, dass es wohl üblich ist in den Anfangsjahren des vergangenen Jahrhunderts, dass Kinder in ihrer Freizeit mit dem Malen von Wappen beschäftigt sind – so soll sich auch der junge Ferry Porsche damit beschäftigt haben. Der Legende nach habe er auf einer Serviette seine erste Idee skizziert. Mit einigen Nacharbeiten – hauptsächlich von Erich Komenda – soll dann das Porsche-Wappen daraus entstanden sein, wie es noch heute verwendet wird.

Welche Story auch immer stimmt und wer auch immer gestalterisch Einfluss nahm (wahrscheinlich alle Genannten) – sicher ist: Nach Eintragung beim Patentamt taucht das Porsche-Logo erstmals in einem Porsche Ende 1952 auf, und zwar als Abdeckung der Lenkradnabe. 1954 prangt es auch im Fronthaubengriff des 356 Speedster, ab 1959 ist es zusätzlich auf den Radkappen zu entdecken. Kleine Randbemerkung: Da manche Zulieferer anfangs den Umgang mit der Genauigkeit des Wappens zu lax angehen, muss Porsche ab und zu seine Helferlein zur Ordnung rufen.

Kapitel 8

# Mit Turbodruck in die Zukunft

2000–2009

*Alles neu: In Leipzig entsteht ein neues Werk, in dem das erste Porsche-SUV Cayenne gebaut wird.*

Zur Jahrtausendwende kostet die Entwicklung eines neuen Modells einen Hersteller durchschnittlich rund 1,6 Milliarden Euro. Trotzdem geht es bei der Präsentation neuer Autos und Techniken Schlag auf Schlag: Der Toyota Prius wird der erste Hybrid für alle, Peugeot bietet erstmals Rußfilter an, BMW offeriert mit dem 750 hL das erste Serien-Wasserstoffauto. Porsche baut derweil in Leipzig: Dort entsteht das Werk für das erste Porsche-SUV. Der Cayenne soll ab 2002 gebaut werden.

2001 kostet ein Neuwagen in Deutschland durchschnittlich 41.385 Mark (was etwa 21.000 Euro entspricht), damit wird erstmals die 40.000-Mark-Grenze geknackt. Für Gebrauchtwagen werden durchschnittlich 8300 Euro ausgegeben, und die Autobesitzer zahlen im Durchschnitt 373 Euro für Reparaturen im Jahr. Porsche spendiert dem 911 Carrera „VarioCam", einen Zylinderkopf mit variablem Ventilhub. Außerdem kommt der Targa wieder. In Detroit zeigen die Stuttgarter den GT2, der mit 462 PS der bisher stärkste Serienporsche ist.

2002 werden gut 70.000 Autos in Deutschland als gestohlen gemeldet, alle sieben bis acht Minuten verschwindet hierzulande ein Auto. Weit vorne dabei: Porsche. Die „Gelben Engel", die Helfer des ADAC, rücken zu mehr als 3,5 Millionen Einsätzen aus, das sind täglich gut 9700 Hilfestellungen. Ein Vergleich im Oktober zeigt, wo in Deutschland die meisten Porsche angemeldet sind: Danach ist München mit 3684 registrierten Wagen Porsche-Hauptstadt, es folgen Berlin mit 2694 und Hamburg mit 2570. In Leipzig wird der Porsche-Neubau eröffnet, in dem zunächst der Carrera GT gebaut wird und sodann der Cayenne.

Ein paar interessante Statistiken des Jahres 2003: 84 Prozent aller Erwachsenen besitzen einen Führerschein; 76 Prozent aller Autos sind mit einer Klimaanlage ausgerüstet; jeder 20. neu zugelassene Wagen ist ein SUV; laut einer BMW-Studie stehen Autofahrer 200 Tage ihres Lebens im Stau. Bei Porsche erscheint die 300. Ausgabe des Kunden-Magazins Christophorus.

*Ganz was Feines: Bevor Cayenne die Bänder verlassen, montieren die Porscheleute in Leipzig den Carrera GT.*

*Der Elfer zum Jahrtausendstart: Der 996 ist die aktuelle Generation, dieser Turbo S stammt von 2004.*

Für die Motorsportfreunde ist der 10. September 2006 ein Trauertag: um 15.37 Uhr gibt Michael Schumacher seinen Rücktritt vom Motorsport bekannt. Er beendet seine Karriere nach 15 Jahren und 250 Formel-1-Rennen.

2007 ist Action in Stuttgart angesagt: Bei Daimler-Benz wird die „Hochzeit im Himmel" mit dem Abstoßen von Chrysler vollends geschieden. Porsche dagegen gibt am 26. März bekannt, dass das Unternehmen seinen Anteil an VW auf bis zu knapp 31 Prozent aufstockt. Damit bereitet der Kleine die Übernahme des Großen vor: Porsche baut mit 11.500 Mitarbeitern rund 100.000 Autos im Jahr, VW mit 324.000 Menschen rund sechs Millionen Autos. Am 13. November entsteht aus der Porsche AG die Porsche Automobil Holding SE. Da ist es nur eine Petitesse, dass Silber zur beliebtesten Autofarbe weltweit mutiert ist und ZF kurz vor der globalen Finanzkrise die erste Achtgangautomatik auf den Markt wirft.

2008 beträgt der Preis für einen Neuwagen in Deutschland im Durchschnitt satte 25.500 Euro, das sind 56 Prozent mehr als 1991. Damit liegt der Anstieg deutlich über der allgemeinen Inflation. Der Grund ist vor allem der Trend zu immer besser ausgestatteten Autos. Im Porsche-Stammwerk legt am 25. Februar eine Gasexplosion die 911er-Produktion komplett lahm, die Bänder müssen für mehrere Tage stillstehen.

Der umtriebige Porsche-Chef Wendelin Wiedeking dreht weiter an der Übernahmeschraube: Er erhält am 3. März vom Porsche-Aufsichtsrat grünes Licht, um die Porsche-Beteiligung an VW auf mehr als 50 Prozent aufzustocken. Der Preis für die Mehrheit: rund zehn Milliarden Euro. Am 16. September erhöht Porsche

2004 trägt jedes sechste weltweit hergestellte Auto ein deutsches Markenzeichen, die Autobahnmeistereien melden rund 8000 Tonnen verlorener Ladung – dazu gehören allerdings auch 40.000 illegal entsorgte Autoreifen. Rund 250.000 Autos in Deutschland sind älter als 30 Jahre, fast 110.000 davon fahren mit dem Oldtimer-H-Kennzeichen. Gegenüber dem Vorjahr ist das ein Plus von 10,5 Prozent. Bei Porsche erlaubt der Vorstand am 30. Juli 2004 den Bau des neuen Museums. Und die Stuttgarter vermelden einen neuen Absatzrekord: Mehr als 75.000 Wagen sind im Geschäftsjahr verkauft worden.

94 Prozent aller Autos fahren im Jahr 2005 noch ohne Navigationssystem und 41 Prozent der Deutschen wissen nicht, was ein „Hybridauto" ist. Porsche kauft in diesem Jahr 20 Prozent der VW-Aktien, Ferdinand Alexander Porsche wird Ehrenvorsitzender des Aufsichtsrates.

*Hoch hinaus: Der Cayenne vergrößert die Porsche-Reichweite erheblich.*

*Trotzdem: Im bis dahin größten Krisenjahr der Branche, 2009, eröffnet Porsche das neue Museum.*

seine Aktienanteile an VW erst einmal auf 35,14 Prozent. Damit hat der Sportwagenbauer faktisch die Kontrolle über den Massenhersteller auf der Hauptversammlung. Obendrein erzielt Porsche trotz Autokrise 46 Prozent mehr Gewinn als im Vorjahr. Außerdem wird die Firma Porsche Consulting GmbH als hundertprozentige Tochtergesellschaft einer der 25 größten Managementberater in Deutschland.

2009 gilt als größtes Krisenjahr für die Branche. Von den neun führenden Autokonzernen kommen VW, Fiat und BMW recht gut davon, GM allerdings leidet und muss im folgenden Jahr vom Staat gerettet werden. Für Toyota wird es ein echtes Horrorjahr. Die deutschen Autobesitzer freuen sich indes über die „Abwrackprämie": Die Bundesregierung hat beschlossen, zur Unterstützung der Not leidenden Autobranche 1,6 Milliarden Euro (die später auf fünf Milliarden Euro aufgestockt werden) zur Verfügung zu stellen. So bekommt jeder Autokäufer, der einen mindestens zehn Jahre alten Wagen, der ihm mindestens ein Jahr lang gehörte, verschrottet und dafür einen Neuwagen kauft, vom Staat 2500 Euro.

Porsche präsentiert in diesem Jahr die weltweit erste Lithium-Ionen-Starterbatterie. Sie kostet als Option stolze 1904 Euro. Das geht allerdings unter in dem Ringen zwischen Porsche und VW: Der Übernahmeversuch von Porsche scheitert – daraufhin schluckt VW Porsche. Samt neuem Museum, das Anfang des Jahres seine Pforten öffnet.

*Der nächste Streich: 2004 kommt der 997, dessen Targaversion ein spektakuläres Glasdach hat.*

*Jetzt mit viel Glas: Der Targa 4 der Baureihe 997 interpretiert das Targa-Thema neu.*

911
HN HN 911

### Porsche 911 Turbo, 911 Turbo S

Der neue Porsche Turbo, Typ 996, kommt im Jahr 2000 erst einmal als Coupé und stellt erneut klar, was sportiver Luxus auf Rädern ist. 18-Zoll-Räder füllen die Radhäuser. Dicke Backen machen das Heck 65 Millimeter breiter, der Heckflügel fährt bei Bedarf aus. Am meisten beeindruckt die Kraftentfaltung aus niedrigen Drehzahlen heraus. Der Motor schiebt mit seinen 420 PS bis zur Mutgrenze des Piloten, der sich wegen des Allradantriebes jederzeit sicher fühlt. Die Elastizität ist hervorragend, für die Beschleunigung von 80 auf 120 km/h benötigt der neue Turbo im fünften Gang nur fünf Sekunden.

Auch die Ausstattung lässt keine Wünsche offen: Bi-Xenon-Scheinwerfer, Metalliclack, Vollleder, Bordcomputer, elektrisch entriegelbare Motor- und Fronthaube sind nur ein paar der Gimmicks, die das Leben angenehm machen. Die Keramik-Bremsen sind eine Option – sie wiegen halb so viel wie ein Stahlscheibensystem und sind unempfindlich gegen Streusalz.

Ab 2004 ist der Turbo auch als Cabrio erhältlich. Das Auto kommt bei den Käufern so gut an, dass die Jahresproduktion von 2500 auf 4000 Stück gesteigert wird. 2004 setzt Porsche noch einen drauf mit dem Turbo S. Größere Turbolader sorgen für 450 PS, und in 13,2 Sekunden ist man von 0 auf 200 km/h.

| Technische Daten | Porsche 911 Turbo, 911 Turbo S |
|---|---|
| **Bauart** | Coupé, Cabriolet |
| **Baujahr** | 2000–2005 |
| **Motor** | Sechszylinder-Boxer-Biturbo |
| **Hubraum** | 3600 cm³ |
| **Leistung** | 420–450 PS |
| **Getriebe** | Sechsgang-Handschalter |
| **Antrieb** | Allrad |
| **Gewicht** | 1540 kg |
| **$V_{max}$** | 305–307 km/h |

| Technische Daten | Porsche Cayenne, Cayenne S, Cayenne Turbo, Cayenne Turbo S |
|---|---|
| **Bauart** | SUV |
| **Baujahr** | 2002–2007 |
| **Motor** | V6, V8, V8 Turbo |
| **Hubraum** | 3189–4511 cm³ |
| **Leistung** | 250–521 PS |
| **Getriebe** | Sechsgang-Handschalter |
| **Antrieb** | Allrad |
| **Gewicht** | 2160–2355 kg |
| **$V_{max}$** | 214–270 km/h |

## Porsche Cayenne, Cayenne S, Cayenne Turbo, Cayenne Turbo S

Zu Beginn der 2000er Jahre kommt auch Porsche nicht umhin, sich dem boomenden SUV-Markt zu stellen und ein hochbeiniges Modell anzubieten: Den Cayenne, ein Schwestermodell des VW Touareg, preist das Werk mit geschicktem Marketing als Geländesportler an – mit dem Ergebnis, dass die auf 25.000 Stück kalkulierte Jahresproduktion wegen bester Nachfrage schon vor Marktstart hochgefahren werden muss.

Im Angebot sind 2002 zunächst Cayenne S und Cayenne Turbo. Der S besitzt einen völlig neu entwickelten V8-Sauger, der 340 PS leistet und für einen Sprint von 6,8 Sekunden gut ist. Das Auto kostet 60.204 Euro. Der Turbo ist das Spitzenmodell, der aufgeladene V8 treibt den Geländewagen auf 266 km/h. Optisch ist er an vier statt zwei Auspuffrohren zu erkennen, die Bremssättel sind rot, vorne erwarten große Eintrittsöffnungen eine Menge Luft.

Apropos Luft: Der Turbo besitzt serienmäßig Luftfederung. Ebenfalls serienmäßig ist das variable Dämpfungssystem „PASM". Grundpreis: 99.876 Euro. 2004 folgt die Basisversion des Cayenne. Sie trägt als erster Porsche überhaupt einen V6-Motor unter der Haube, es handelt sich um ein von Porsche überarbeitetes VW-Aggregat. Aber auch mit 250 PS ist das mit 2160 Kilo recht schwere Auto ordentlich motorisiert. 2005 stärkt Porsche seine Modelle, der Turbo bekommt 500 statt 450 PS und rennt damit 270 km/h.

2006 bietet Porsche den Turbo S an: 521 PS dank detaillierter Überarbeitung der Aufladung. Mit dem Cayenne und dem später folgenden Macan ist Porsche besonders in China so erfolgreich, dass dort viele die Zuffenhausener für reine SUV-Bauer halten. Flugs schreiben die Stuttgarter wie früher wieder in großen Lettern „P O R S C H E" auf die Hintern ihrer Sportwagen, damit die Historie auch in China nicht ganz verloren geht.

### Porsche Carrera GT

Der Typ 980 – besser bekannt als Carrera GT – ist auf den ersten Blick eher das Ergebnis von Zufällen als von Planungen. Porsches Motorsportingenieure bauen an einem neuen Rennwagen für das 24-Stunden-Rennen in Le Mans im Jahr 2000, als der Vorstand voll auf die Bremse tritt. Allerdings gibt es da schon das Fahrzeug und den passenden V10 dazu. Zumindest der Motor ist zu schade, um ihn nicht zu nutzen.

Da liegt es nahe, mal wieder einen Supersportwagen für die Straße auf die Räder zu stellen, der zum Motor passt – mit purer Renntechnik wie Pushrod-System (Federbeine der Hinterachse sind am Getriebegehäuse befestigt), Keramik-Composit-Bremse, Zweischeiben-Renn-Keramikkupplung, Felgen aus geschmiedetem Magnesium und einer Kohlefaser-Karosserie, unter der mehr als 70 neue Patente stecken.

Entwicklung und Abstimmung des bald „Carrera GT" getauften Autos übernimmt Rallye-As Walter Röhrl auf der Nordschleife – das Modell ist noch heute für ihn das Nonplusultra im Sportwagenbau, weil keine Elektronik die Kraft einschnürt. Der Sound ist betörend, der Antritt ebenfalls, die Straßenlage auch bei hohen Kurventempi nahezu perfekt. Leider baut Porsche nur 1500 Stück des Zweisitzers zum Stückpreis von 452.400 Euro.

| Technische Daten | Porsche Carrera GT |
|---|---|
| **Bauart** | Coupé |
| **Baujahr** | 2003 |
| **Motor** | V10 |
| **Hubraum** | 5733 $cm^3$ |
| **Leistung** | 612 PS |
| **Getriebe** | Sechsgang-Handschalter |
| **Antrieb** | Hinterräder |
| **Gewicht** | 1380 kg |
| **$V_{max}$** | 330 km/h |

## Porsche Boxster S 50 Jahre 550 Spyder

2004 kommt Porsche auf die Idee, den Porsche Boxster, noch Typ 986, als Jubiläumsmodell „50 Jahre 550 Spyder" anzubieten. Das gute Stück ist limitiert auf 1953 Exemplare. Die Unterschiede zum Serienmodell: fünf PS mehr als Boxster S (jetzt 266 PS), 310 Nm, 266 km/h Top-Tempo. Optisch gibt es ein Auspuffendrohr aus hochglanzpoliertem Edelstahl, technisch ist PSM serienmäßig an Bord. Man fährt auf 18-Zoll-Rädern, Distanzscheiben lassen den Wagen breiter wirken.

Das Sondermodell ist nur in der Carrera-GT-Farbe „GT-Silbermetallic" zu haben, das Innenraumleder und das Dach sind erstmals in der Farbe „Cocoa" ausgeschlagen – wem das Braun nicht gefällt, der kann auch profanes Schwarz bekommen. 372 Autos kommen auf den deutschen Markt. Preis: 59.192 Euro, aber viele Extras, die in anderen Boxster-Modellen Aufpreis kosten, sind bereits an Bord.

| Technische Daten | Porsche Carrera GT |
|---|---|
| **Bauart** | Cabriolet |
| **Baujahr** | 2004 |
| **Motor** | Sechszylinder-Boxer |
| **Hubraum** | 3179 cm$^3$ |
| **Leistung** | 266 PS |
| **Getriebe** | Sechsgang-Handschalter |
| **Antrieb** | Hinterräder |
| **Gewicht** | 1320 kg |
| **$V_{max}$** | 266 km/h |

**Porsche 911 Carrera 2, Carrera 2 S, Carrera 4, Carrera 4 S**

Der neue Porsche 911 hört intern auf Typ 997 (später zur Unterscheidung zu der 2009 stark überarbeiteten Version 997/1) und trägt hauptsächlich eine neue Coupé-Karosserie. Die Front unterscheidet sich nun stärker vom Boxster, die 911-Gemeinde atmet auf. Mit einem Luftwiderstandsbeiwert von 0,28 erweist sich die Karosserie als ausgesprochen windschlüpfig. Sie ist um acht Prozent torsionssteifer als die des Vorgängers und sogar um 40 Prozent biegesteifer.

Porsche startet das erste Mal nach 1977 wieder mit zwei verschiedenen Modellen gleichzeitig, dem Basis-911 Carrera 2 und dem 2 S. Die einfache Version beherbergt im Heck einen 3,6-Liter-Boxer, der 325 PS generiert. Der Antrieb des 2 S hat gut 200 Kubik mehr und leistet 355 PS. Er kommt auch serienmäßig mit der aktiven Dämpfung, beim Basismodell ist sie optional zu haben.

Bald wird auch ein hinterradgetriebenes Cabrio angeboten. Ende 2005 folgen Coupé und Cabrio mit Allradantrieb als Carrera 4 und 4 S. Ende 2006 schiebt Porsche die Targa-Versionen mit dem bemerkenswerten großen Glasdach an, die es erstmals ausschließlich als Allradler gibt.

| Technische Daten | Porsche 911 Carrera 2, Carrera 2 S, Carrera 4, Carrera 4 S |
|---|---|
| **Bauart** | Coupé, Cabriolet, Targa |
| **Baujahr** | 2004 2009 |
| **Motor** | Sechszylinder-Boxer |
| **Hubraum** | 3596–3824 $cm^3$ |
| **Leistung** | 325–355 PS |
| **Getriebe** | Sechsgang-Handschalter |
| **Antrieb** | Hinterräder, Allrad |
| **Gewicht** | 1395–1600 kg |
| **$V_{max}$** | 280–293 km/h |

### Porsche 911 Turbo

Der 911 Turbo des Typs 997(/1) wird Anfang 2006 auf dem Genfer Salon dem Publikum präsentiert. Mit 480 PS und 620 Nm (inklusive Overboost sogar bis zu 680 Nm) hat der leistungsstarke 911er keine Probleme, die Sympathien des Publikums zu ergattern. Der Allradantrieb ist überarbeitet, das Auto wiegt weniger als der Vorgänger – Turboherz, was willst Du mehr? Zum Beispiel die aufpreispflichtige Tiptronic (3000 Euro): Sie schaltet schneller und präziser als der Pilot, was sich beim Sprint im optimalen Fall in 3,6 statt 3,8 Sekunden bemerkbar macht.

Allerdings steigt der Verbrauch dabei um einen halben Liter pro 100 Kilometer. Aber das ist für Porsche-Fahrer noch nie ein Argument gewesen. Die fahren gerne sportlich – was eine optionale mechanische Quersperre an der Hinterachse unterstützt. Für artgerechte Verzögerung sorgt eine vergrößerte Bremse: Nun messen die vorderen Scheiben 350 Millimeter. Ab September 2007 gibt es den Turbo auch als Cabrio. Das wiegt 70 Kilo mehr und kostet 150.862 Euro – fürs Coupé werden 133.603 Euro fällig.

| Technische Daten | Porsche 911 Turbo |
|---|---|
| **Bauart** | Coupé, Cabriolet |
| **Baujahr** | 2006–2009 |
| **Motor** | Sechszylinder-Boxer-Biturbo |
| **Hubraum** | 3600 $cm^3$ |
| **Leistung** | 480 PS |
| **Getriebe** | Sechsgang-Handschalter |
| **Antrieb** | Allrad |
| **Gewicht** | 1585–1655 kg |
| **$V_{max}$** | 310 km/h |

**Porsche Boxster, Boxster S, Boxster RS 60 Spyder, Boxster Spyder**

2004 stellt Porsche die zweite Generation des Boxsters vor, den Typ 987. Hauptsächlich sind die Boxermotoren neu entwickelt, die zehn bis 20 PS stärker sind als die im Vorgänger. Ebenfalls neu ist der Einzug der Doppelkupplung in die kleine Baureihe. Erstmals nach der Carrera-Modellreihe bringt Porsche mit dem Boxster RS 60 Spyder den Namen eines aktuellen Modells mit dem Motorsport in Verbindung: Der Boxster RS 60 Spyder ist ein auf 1960 Stück limitiertes Sondermodell, das ausschließlich in Silber zu haben ist und rote Heckleuchten und schwarze Scheibenrahmen besitzt. Man zahlt fast 64.000 Euro für acht Mehr-PS gegenüber dem Serien-Boxster und für fettere Distanzscheiben in den Radhäusern.

Innen ist das Sondermodell etwas aufgehübscht, bessere Fahrleistungen als der normale Boxster kann es nicht liefern. Immerhin ein starker Name für fast 10.000 Euro Mehrpreis. 2010 kommt von Porsche übrigens noch ein Boxster Spyder: es gibt wiederum mehr Leistung, ein härteres Fahrwerk, eine mit zwei Hügeln ausgeformte Motorhaube und ein verdammt knapp geschnittenes Verdeck. Letzteres macht den Wagen so fummelig wie interessant – fährt man damit doch viel öfter offen, um die je nach Fähigkeit bis zu drei Minuten dauernde Verdeckarie zu vermeiden. Dafür zahlt man dann auch noch rund 7000 Euro mehr als beim Boxster S. Immerhin besitzt man damit den leichtesten Porsche der gesamten Modellpalette: 1275 Kilo.

| Technische Daten | Porsche Boxster, Boxster S, Boxster RS 60 Spyder, Boxster Spyder |
|---|---|
| **Bauart** | Cabriolet |
| **Baujahr** | 2004–2011 |
| **Motor** | Sechszylinder-Boxer |
| **Hubraum** | 2893–3436 $cm^3$ |
| **Leistung** | 255–320 PS |
| **Getriebe** | Sechsgang-Handschalter |
| **Antrieb** | Hinterräder |
| **Gewicht** | 1275–1380 kg |
| **$V_{max}$** | 261–274 km/h |

## Porsche Cayman, Cayman S

Porsche steht schon immer für ungewöhnliche Lösungen – warum also nicht erst nach einem Cabriomodell das dazu passende Coupé präsentieren? Genau das machen die Stuttgarter mit dem Typ 987, der nun als 987c den Namen „Cayman" und ein festes Dach bekommt. Die S-Version, die den Anfang markiert, schließt die Lücke zwischen Boxster und 911 perfekt mit agilen 295 PS. Damit sprintet der optisch ausgesprochen gut gelungene Zweisitzer in 5,4 Sekunden von 0 auf 100 km/h.

Die immer wieder gerne zum Vergleich herangeholte Nürburgring-Runde auf der Nordschleife schafft der Cayman S in acht Minuten und 20 Sekunden, damit ist er nur wenig langsamer als der 911 Carrera. Die Basisversion startet erst 2006 und bietet 245 PS. Wahlweise sind auch sechs Gänge zu haben oder eine Tiptronic. 2007 gibt es eine Sonderserie „Porsche Design Edition I", die sich aber auf reine Optikmaßnahmen beschränkt.

| Technische Daten | Porsche Cayman, Cayman S |
|---|---|
| **Bauart** | Coupé |
| **Baujahr** | 2005–2008 |
| **Motor** | Sechszylinder-Boxer |
| **Hubraum** | 2687–3386 $cm^3$ |
| **Leistung** | 245–295 PS |
| **Getriebe** | Fünfgang-Handschalter |
| **Antrieb** | Hinterräder |
| **Gewicht** | 1300–1340 kg |
| **$V_{max}$** | 260–275 km/h |

### Porsche Cayenne, Cayenne S, Cayenne Turbo, Cayenne Turbo S, Cayenne GTS, Cayenne Diesel

2007 überarbeitet Porsche sein SUV-Erfolgsmodell Cayenne und weitet Schritt für Schritt die Modellpalette aus – bislang sind gut 150.000 Stück der Dickschiffe verkauft, was das Facelift beflügelt. Die Basisversion bekommt 40 PS mehr Kraft, der Hubraum wächst auf 3,6 Liter. Der Cayenne S erhält 385 PS und 300 Kubik mehr, der Turbo 500 PS und 700 Newtonmeter aus einem nun 4,8 Liter großen Turbo-V8. Neu ist ab 2008 der Cayenne GTS. Er besitzt den V8-Motor des Cayenne S, hat aber nur 405 PS.

Erstmals steckt in einem Cayenne das aktiv geregelte Dämpfungssystem Porsche Active Suspension Management mit Stahlfedern. Es ist in der Lage, die Karosserie um 24 Millimeter tiefer zu legen. Der GTS gilt als der sportlichste Cayenne und kostet in Deutschland 76.725 Euro. Ebenfalls 2008 bringt Porsche den überarbeiteten Turbo S, der jetzt mit 550 PS die Boulevards umpflügt, was den Eigner zunächst 132.774 Euro kostet. Ganz neu ist ab 2009 der Cayenne Diesel: Der Dreiliter-V6 von Audi versorgt die beiden angetriebenen Achsen mit 240 PS und 550 Nm. Preis: 56.436 Euro inklusive Mehrwertsteuer.

| **Technische Daten** | **Porsche Cayenne, Cayenne S, Cayenne Turbo, Cayenne Turbo S, Cayenne GTS, Cayenne Diesel** |
|---|---|
| **Bauart** | SUV |
| **Baujahr** | 2007–2010 |
| **Motor** | V6, V6 Diesel, V8, V8 Turbo |
| **Hubraum** | 3598–4806 cm³ |
| **Leistung** | 240–550 PS |
| **Getriebe** | Sechsgang-Handschaltung, Achtgang-Tiptronic |
| **Antrieb** | Allrad |
| **Gewicht** | 2160–2355 kg |
| **$V_{max}$** | 214–275 km/h |

| Technische Daten | Porsche 911 Carrera 2, Carrera 2 S, Carrera 4, Carrera 4 S |
|---|---|
| **Bauart** | Coupé, Cabriolet, Targa |
| **Baujahr** | 2008–2011 |
| **Motor** | Sechszylinder-Boxer |
| **Hubraum** | 3614–3800 $cm^3$ |
| **Leistung** | 345–385 PS |
| **Getriebe** | Sechsgang-Handschalter |
| **Antrieb** | Hinterräder, Allrad |
| **Gewicht** | 1415–1595 kg |
| $V_{max}$ | 282–302 km/h |

**Porsche 911 Carrera 2, Carrera 2 S, Carrera 4, Carrera 4 S**

2009 wird der 911 stark überarbeitet, zur Unterscheidung nennt man die Baureihe 997/2. Der Carrera 2 ist jetzt mit direkteingespritzten (statt saugrohreingespritzten) 345 PS gesegnet, der Carrera S mit 385 PS – womit der 911er endlich die magische 300-km/h-Marke knackt. Der einfache Carrera verbraucht mit (optionalem) PDK-Getriebe erstmals weniger als zehn Liter pro 100 Kilometer (im Labor), das entspricht einer Verbrauchsreduzierung von 7,1 Prozent im Vergleich zum Vorgänger. Beim Carrera S sind es sogar 7,8 Prozent. Mit der elektronischen Launch Control kann der Sprint in sagenhaften 4,2 Sekunden gelingen.

### Porsche Panamera, Panamera 4, Panamera S, Panamera 4 S, Panamera GTS, Panamera Turbo, Panamera Turbo S, Panamera Diesel

Im Jahr 2009 steigt Porsche ins Geschäft mit viertürigen Luxus-Sportlimousinen ein: Der Panamera ist ein GT für die ganze (solvente) Familie, der sportliche Fahrdynamik, einen großen Innenraum und besten Komfort miteinander kombiniert. Zum Marktstart werden erst einmal fette V8 unters einkommensstarke Volk gebracht, als Option steht eine Siebengang-Doppelkupplung zur Verfügung. Basismodell ist zunächst der hinterradgetriebene Panamera S mit 400 PS. Zudem wird das Auto als 4 S mit Allradantrieb angeboten.

Top-Modell ist der Turbo, der noch einmal 100 PS drauflegt, in 4,2 Sekunden auf 100 km/h sprintet und erst bei 303 km/h die Beschleunigung beendet. Preis: 135.154 Euro. 2010 kommt ein Sparmodell hinzu: Der pure Panamera bietet einen 3,6-Liter-V6 und 300 PS. Preis: ab 75.899 Euro. 2011 kommen der GTS mit 430 PS und der Turbo S mit 550 PS hinzu. Ebenfalls 2011 komplettiert ein Panamera Dreiliter-Diesel mit 250 PS das Portfolio. 2013 hält Porsche eine Modellpflege für eine gute Idee, was die Autos unter anderem stärkt: Basis und Panamera 4 erhalten 310 PS, S und 4 S haben 420 PS unter der Haube, der GTS 440 PS, der Turbo 520 PS, der Turbo S 570 PS und der Diesel 300.

| Technische Daten | Porsche Panamera, Panamera S, Panamera 4 S, Panamera GTS, Panamera Turbo, Panamera Turbo S, Panamera Diesel |
|---|---|
| **Bauart** | Limousine |
| **Baujahr** | 2009–2016 |
| **Motor** | V6, V6 Diesel, V6 Turbo, V8, V8 Turbo |
| **Hubraum** | 2967–4806 $cm^3$ |
| **Leistung** | 300–570 PS |
| **Getriebe** | Sechsgang-Handschalter, Siebengang-PDK, Achtgang-Tiptronic |
| **Antrieb** | Hinterräder, Allrad |
| **Gewicht** | 1730–2080 kg |
| **$V_{max}$** | 242–310 km/h |

### Porsche Cayman, Cayman S

Die zweite Generation des „kleinen" Coupés bekommt neue Sechszylindermotoren. Das Basistriebwerk ist ein 2,9-Liter-Boxer, der 265 PS leistet. In der S-Version steckt eine 3,4-Liter-Maschine mit 320 PS (im Vergleich zu den passenden Boxster-Modellen besitzen die Cayman jeweils zehn PS mehr). Cayman und Boxster verbrauchen erstmals weniger als neun Liter im (Labor-) Mix auf 100 Kilometer. Optisch haben die Designer besonders Bug und Heck verändert, die Halogenhauptscheinwerfer beinhalten nun auch die Blinker. Das Fahrwerk ist neu abgestimmt, die Fahrdynamik hat spürbar gewonnen. Die Preise fangen bei 49.831 Euro an, der Cayman S kostet 61.493 Euro.

| Technische Daten | Porsche Cayman, Cayman S |
|---|---|
| **Bauart** | Coupé |
| **Baujahr** | 2009–2013 |
| **Motor** | Sechszylinder-Boxer |
| **Hubraum** | 2893–3436 $cm^3$ |
| **Leistung** | 265–320 PS |
| **Getriebe** | Sechsgang-Handschalter |
| **Antrieb** | Hinterräder |
| **Gewicht** | 1350–1375 kg |
| **$V_{max}$** | 263–277 km/h |

# Ausgewählte GT

## Porsche 911 GT2

Es ist Porsche schon immer ein einträgliches Ansinnen, den Kunden Straßenautos in die Hand zu geben, mit denen problemlos echter Motorsport möglich ist. In der Saison 1994 sind es die 911 Carrera RSR und RS 3.8, die die Käufer überzeugen. 1995 stellt Porsche den 911 GT2 (Typ 993) auf die Räder. Damit kann jeder Interessierte zum Beispiel an der jungen BRP-Rennserie für GT-Modelle mit Straßenzulassung teilnehmen. Erste Hürde: der Grundpreis von 276.000 Mark. Zweite Hürde: Das Auto zähmen. Anfänglich 430 PS treffen auf 1316 Kilo Wagengewicht. Das Auto wiegt somit fast 200 Kilo weniger als der Turbo, der die Basis bildet und ein paar Wochen nach dem GT auf den Markt kommt.

Der riesige Heckflügel ist einstellbar und sorgt für Druck auf der Hinterachse. Was auch gut ist, sonst würde sie bei hohen Tempi ein noch größeres Eigenleben entwickeln. Der Sprint ereignet sich in 3,9 Sekunden. 1998 bekommt der Leichtbauturbo 20 PS mehr, das Drehmoment beträgt jetzt 585 Newtonmeter.

| Technische Daten | Porsche 911 GT2 |
|---|---|
| **Bauart** | Coupé |
| **Baujahr** | 1995–1998 |
| **Motor** | Sechszylinder-Boxer-Turbo |
| **Hubraum** | 3600 $cm^3$ |
| **Leistung** | 430–450 PS |
| **Getriebe** | Sechsgang-Handschalter |
| **Antrieb** | Hinterräder |
| **Gewicht** | 1316 kg |
| $V_{max}$ | 296 km/h |

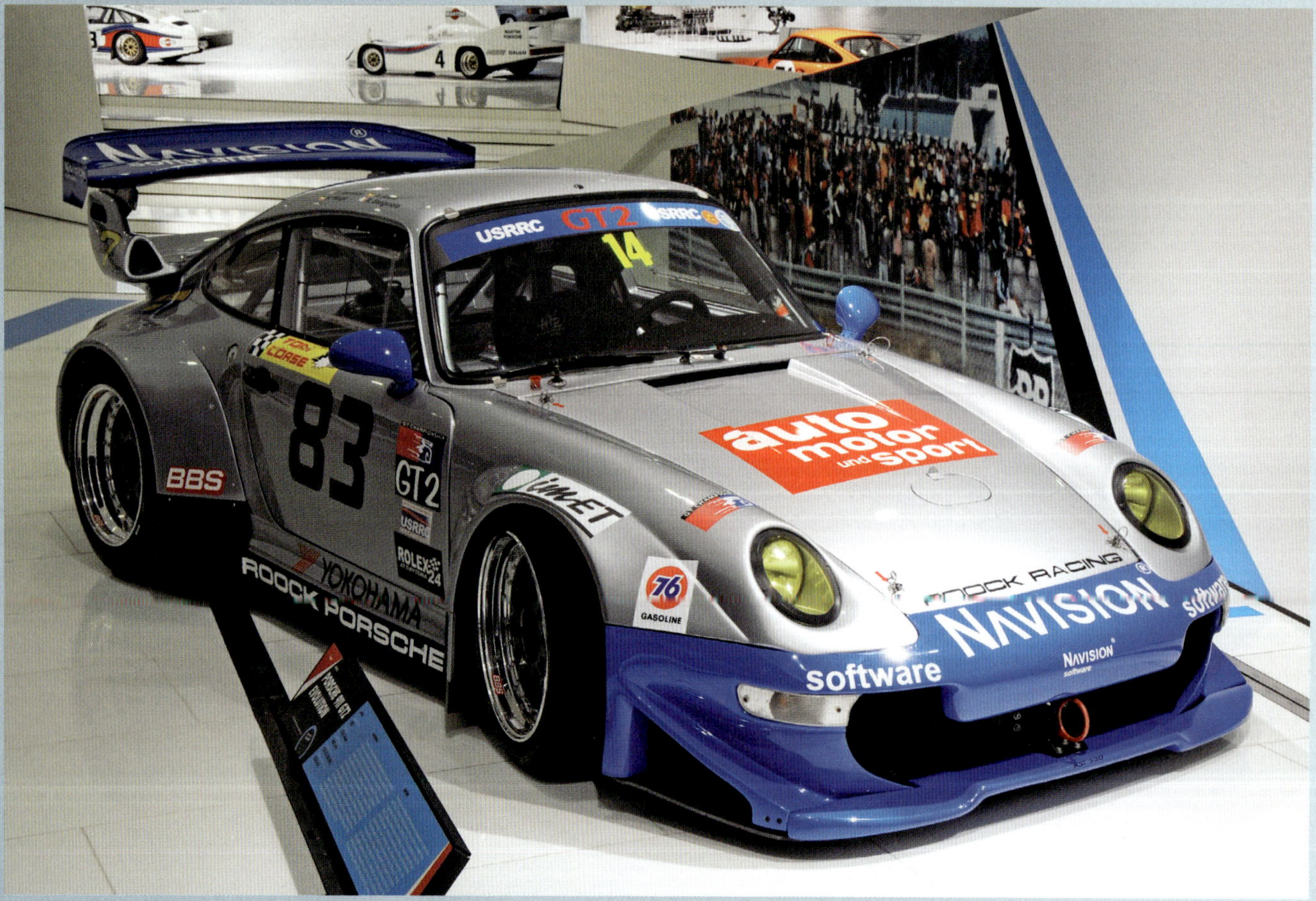

**Porsche 911 GT3**

Die GT3-Version des Typ 996 ist im Vergleich zum Turbo schwächer, aber leichter und viel purer. Rallye-Gott Walter Röhrl kachelt damit noch vor der Markteinführung in 7.56,33 Minuten über die Nordschleife, was einen neuen Rekord für straßenzugelassene Seriensportwagen mit Straßenreifen bedeutet. Die erste limitierte Auflage ist schnell verkauft, 2003 folgt die zweite.

Der GT3 nähert sich der Ur-Form eines Porsche an: Schalensitze, keine Fahrwerkselektronik, knallhart, Hinterradantrieb, ein schreiender Motor, der aus dem Porsche GT1 stammt und hohe Drehzahlen fordert. Wer GT3 fährt, will entweder angeben, unbedingt auf die Rennstrecke, aber selber mit seinem Auto dorthin fahren oder aber ein Auto besitzen, das den Befehlen des Piloten gehorcht und nicht denen von Sensoren. Das Werk liefert auf Wunsch einen Käfig und Rennreifen, die mal gerade so eben straßentauglich sind. Im Jahr 2000 kostet so ein GT3 engagierte 181.295 Mark.

| Technische Daten | Porsche 911 GT3 |
|---|---|
| **Bauart** | Coupé |
| **Baujahr** | 1999–2004 |
| **Motor** | Sechszylinder-Boxer |
| **Hubraum** | 3600 $cm^3$ |
| **Leistung** | 360 PS |
| **Getriebe** | Sechsgang-Handschalter |
| **Antrieb** | Hinterräder |
| **Gewicht** | 1395 kg |
| **$V_{max}$** | 302 km/h |

## Porsche 911 GT2

GT2-Kunden müssen nicht nur extrem Porsche-affin sein, sondern mindestens genauso solvent: Der GT 2, Typ 996, kostet 2002 satte 175.000 Euro – das sind knapp 50.000 Euro mehr als der Platzhirsch Porsche Turbo. Dafür gibt es halb so viel Traktion, weil reiner Hinterradantrieb, und so gut wie keinen Luxus. Aber einen Rennwagen, der auf jeder Straße sein Wesen treiben darf. Die Spoiler vorne und hinten sind noch größer als beim GT3, die Keramik-Bremsen noch leistungsfähiger, der Motor mit 620 Newtonmetern maximalem Drehmoment so stark wie die Nachfrage nach Produkten aus Zuffenhausen.

Dieser 911 GT2 ist zu seiner Zeit der kompromissloseste Sportler dieser Reihe. Mit seinen 462 PS und der gegenüber dem Turbo noch mal dank Leichtbausportfahrwerk um 20 Millimeter tiefergelegten Karosserie gelingt versierten Piloten bei besten Bedingungen der Sprint in 4,1 Sekunden, wobei einem der Hammer aus den Turboladern durchaus Angst machen kann. Ein wahrer Porsche.

| Technische Daten | Porsche 911 GT2 |
|---|---|
| **Bauart** | Coupé |
| **Baujahr** | 2001–2005 |
| **Motor** | Sechszylinder-Boxer |
| **Hubraum** | 3600 $cm^3$ |
| **Leistung** | 462 PS |
| **Getriebe** | Sechsgang-Handschalter |
| **Antrieb** | Hinterräder |
| **Gewicht** | 1140 kg |
| **$V_{max}$** | 315 km/h |

### Porsche 911 GT3 RS

2004 bietet Porsche als Homologationsserie neben dem GT3 auf Basis Typ 996 noch stets weiß lackierte GT3 RS an, bei denen 381 PS auf die Hinterachse gestemmt werden und die noch einmal 50 Kilo weniger wiegen als die Clubsportversion des normalen 911 GT3. Die Renner werden mit Überrollkäfig ausgeliefert. Eine der wichtigsten Änderungen im Vergleich zum GT3 sind die speziellen Radträger vorne und hinten.

Auffällige „GT3RS"-Schriftzüge an den Flanken in Blau oder Rot sind eine Hommage an die berühmten Vorgänger aus den 1970er Jahren. Die Spoilerlippe vorne ist tief herabgezogen, dazu gibt es große Lufteinlässe. Der Carbon-Heckflügel lässt sich zweifach verstellen und ist mit einem Stauluftsammler ausgestattet, der über das Dach strömende Luft fängt und dem Motor zur Kühlung weiterleitet. Der Kofferraumdeckel besteht aus kohlefaserverstärktem Kunststoff, ein Handschuhfach gibt es nicht, die Heckscheibe ist ebenfalls aus Kunststoff. Optional gibt es Keramik-Bremsscheiben.

| Technische Daten | Porsche 911 GT3 RS |
|---|---|
| **Bauart** | Coupé |
| **Baujahr** | 2004 |
| **Motor** | Sechszylinder-Boxer |
| **Hubraum** | 3600 cm$^3$ |
| **Leistung** | 381 PS |
| **Getriebe** | Sechsgang-Handschalter |
| **Antrieb** | Hinterräder |
| **Gewicht** | 1360 kg |
| **$V_{max}$** | 306 km/h |

### Porsche 911 GT3

In Genf stellt Porsche den neuen 911 GT3, Typ 997, vor. Das Missing Link zwischen Rundstreckensport und Straße ist konsequent auf Fahrdynamik ausgelegt. Mit seiner spezifischen Leistung von 115,3 PS je Liter Hubraum gehört der Sechszylinder-Boxer zu den absoluten Top-Saugmotoren, die in Straßenfahrzeuge eingebaut werden. Das Aggregat leistet 415 PS, es kann bis 8400 Umdrehungen gezwungen werden – ein Hochdrehzahlkonzept par excellence.

Dieser GT3 ist der erste mit aktivem Fahrwerk (PASM). Die Aerodynamik ist besonders ausgefeilt, mit einem Luftwiderstandsbeiwert von 0,29 durchschneidet der GT3 besonders effizient die Luft. Das Auto wird bei Erscheinen für 108.083 Euro angeboten und gekauft.

| Technische Daten | Porsche 911 GT3 |
|---|---|
| **Bauart** | Coupé |
| **Baujahr** | 2006–2008 |
| **Motor** | Sechszylinder-Boxer |
| **Hubraum** | 3600 cm³ |
| **Leistung** | 415 PS |
| **Getriebe** | Sechsgang-Handschalter |
| **Antrieb** | Hinterräder |
| **Gewicht** | 1395 kg |
| **$V_{max}$** | 310 km/h |

## Porsche 911 GT3 RS

Um den 997 GT3 für den Motorsport zu homologieren, schiebt die Firma sehr schnell den GT3 RS nach – ebenfalls ein straßenzugelassener Rennwagen. Der Motor bleibt unverändert, die Kraft auch, ebenso die Höchstgeschwindigkeit. Die Spur jedoch wird breiter, genauso wie die Radhäuser, und zwar um 44 Millimeter. Der GT3 RS ist um 20 Kilo leichter als GT3.

Der Sprint soll in 4,2 Sekunden gelingen, also eine Zehntelsekunde schneller als im GT3. Schon nach 13,3 Sekunden ist Tempo 200 erreicht. Top-Speed ist wie beim GT3 310 km/h. Zur Ausstattung gehören Überrollbügel, Vorrüstung des Batteriehauptschalters, Sechspunktgurt und Feuerlöscher. Die Nordschleife umrundet der RS mit einem versierten Fahrer am Volant in 7:48 Minuten. Preis für den Rennspaß: 129.659 Euro.

| Technische Daten | Porsche 911 GT3 RS |
|---|---|
| **Bauart** | Coupé |
| **Baujahr** | 2006–2009 |
| **Motor** | Sechszylinder-Boxer |
| **Hubraum** | 3600 cm³ |
| **Leistung** | 415 PS |
| **Getriebe** | Sechsgang-Handschalter |
| **Antrieb** | Hinterräder |
| **Gewicht** | 1375 kg |
| **$V_{max}$** | 310 km/h |

## Porsche 911 GT3 RS

2009 stellt Porsche den überarbeiteten GT3 des Typs 997 vor, den 997/2. Er wird mal wieder stärker, schneller und präziser. Der Sechszylinder-Saugboxer – jetzt auf 3,8 Liter vergrößert – leistet nun 435 PS, was eine Literleistung von 118 PS bedeutet und 465 Newtonmeter maximales Drehmoment. Jetzt sind nicht nur die Einlass-, sondern auch die Auslassnockenwellen verstellbar. Von 0 auf 100 km/h benötigt der GT3 RS nur noch 4,1 Sekunden, erst bei 312 km/h ist Schluss mit Beschleunigung.

Ein neues PASM-Fahrwerk sorgt für hohe Kurventempi, unter anderem der Titan-Endschalldämpfer trägt dazu bei, dass der GT3 RS um noch mal 25 Kilo abgespeckt werden kann gegenüber dem normalen GT3. 2010 rennt das Auto bei den 24 Stunden auf dem Nürburgring als straßenzugelassenes Auto mit – und beendet die 3000-Kilometer-Hatz als Gesamt-Dreizehnter. In Deutschland muss man 116.947 Euro für das Auto hinlegen.

| Technische Daten | Porsche 911 GT3 RS |
|---|---|
| **Bauart** | Coupé |
| **Baujahr** | 2009–2011 |
| **Motor** | Sechszylinder-Boxer |
| **Hubraum** | 3797 $cm^3$ |
| **Leistung** | 450 PS |
| **Getriebe** | Sechsgang-Handschalter |
| **Antrieb** | Hinterräder |
| **Gewicht** | 1370 kg |
| **$V_{max}$** | 312 km/h |

**Porsche 911 GT2**

Die Porsche-Motorsportabteilung stellt 2007 den bislang stärksten Neunelfer aller Zeiten vor (auch wenn das eigentlich immer für irgendeine Ausprägung des jeweils neuesten Elfers gilt), den 911 GT 2 Typ 997. Der bietet aus dem 3,6-Liter-Biturbo-Boxer 530 PS. Die Leistung macht ihn auch zum schnellsten Neunelfer mit 329 km/h Spitze. Basis ist mal wieder der 911 Turbo, was im GT2 beeindruckende 680 Newtonmeter zwischen 2200 und 4500 Umdrehungen bedeutet.

Die hohe Leistung ist unter anderem einer Titanauspuffanlage zu verdanken, ebenso einer Expansions-Sauganlage. Um die Kraft zu zügeln, ist serienmäßig eine Carbon-Keramikbremse eingebaut. Die Fahrwerksabstimmung übernimmt das elektronische Dämpfersystem PASM. So viel Technik, Kraft und allgemeine Überlegenheit hat natürlich einen Preis: in Deutschland 159.100 Euro.

| Technische Daten | Porsche 911 GT2 |
|---|---|
| **Bauart** | Coupé |
| **Baujahr** | 2007–2010 |
| **Motor** | Sechszylinder-Boxer-Biturbo |
| **Hubraum** | 3600 $cm^3$ |
| **Leistung** | 530 PS |
| **Getriebe** | Sechsgang-Handschalter |
| **Antrieb** | Hinterräder |
| **Gewicht** | 1440 kg |
| **$V_{max}$** | 329 km/h |

## Porsche 911 GT2 RS

Sieben Minuten, 18 Sekunden – muss man mehr sagen? Das ist natürlich die Zeit, die der Porsche 911 GT2, Typ 997, des Jahrganges 2010 benötigt, um die Nordschleife zu umrunden. Allerdings hat er dafür auch 620 PS zur Verfügung, die nicht nur kein Problem mit der schönsten Rennstrecke der Welt haben, sondern auch nicht mit den 1370 Kilo Autogewicht. Das Leistungsgewicht beträgt gerade mal 2,21 Kilo pro PS, da kommt kein Konkurrent mit. 0 bis 100 km/h in 3,5 Sekunden, 0 bis 200 km/h in 9,8 Sekunden, 0 bis 300 km/h in 28,9 Sekunden – Porscheherz, was willst Du mehr?

Vom „normalen" GT2 unterscheidet sich der RS vor allem durch viele Anbauteile in kohlefaserverstärktem Kunststoff in mattschwarz, durch Zentralverschlüsse und breitere Felgen in breiteren Radhäusern. Innen erfreuen Leichtbau-Türtafeln mit roten Öffnerschlaufen den Besitzer – natürlich auch noch weitere Details wie ultraleichte Schalensitze. Nur 500 Stück fährt Porsche auf den Markt, in Deutschland muss man 237.579 Euro dafür berappen.

| Technische Daten | Porsche 911 GT2 RS |
|---|---|
| **Bauart** | Coupé |
| **Baujahr** | 2010 |
| **Motor** | Sechszylinder-Boxer-Biturbo |
| **Hubraum** | 3600 $cm^3$ |
| **Leistung** | 620 PS |
| **Getriebe** | Sechsgang-Handschalter |
| **Antrieb** | Hinterräder |
| **Gewicht** | 1370 kg |
| $V_{max}$ | 330 km/h |

## Porsche 911 GT3 RS 4.0

2011 legt Porsche eine Sonderserie auf, den 911 GT3 RS 4.0. Sie wird in 613 Exemplaren gebaut. Somit kommen nicht viele Fans in den Genuss des ersten Serien-Elfers mit einem auf vier Liter aufgebohrten Motor. Mit 500 PS war bislang noch nie ein GT3-Porsche stärker. Er besitzt die Kurbelwelle aus den RSR-Rennwagen mit leichten und hochfesten Titanpleueln und dreht bis 8250 Mal pro Minute.

Fronthaube, vordere Kotflügel und Schalensitze bestehen aus Carbon. Mit 1360 Kilo Gewicht ist er um zehn Kilo leichter als der GT3 RS 3.8. Zum ersten Mal werden Flics an der Front benutzt, um über geschickte Luftführung den Auftrieb an der Vorderachse zu minimieren. Wie in solchen Fällen üblich, ist die gesamte Sonderserie noch vor Baubeginn ausverkauft. Jeder Kunde zahlt 175.596 Euro.

| Technische Daten | Porsche 911 GT3 RS 4.0 |
|---|---|
| **Bauart** | Coupé |
| **Baujahr** | 2011 |
| **Motor** | Sechszylinder-Boxer |
| **Hubraum** | 3996 $cm^3$ |
| **Leistung** | 500 PS |
| **Getriebe** | Sechsgang-Handschalter |
| **Antrieb** | Hinterräder |
| **Gewicht** | 1360 kg |
| $V_{max}$ | 310 km/h |

### Porsche 911 GT3 RS

Im 911 GT3 RS der nächsten Generation, Typ 991/1, bietet Porsche erstmals serienmäßig ein Siebengang-PDK-Getriebe an. Außerdem steckt dieser Vierliter-Sauger – natürlich ein Boxer – in der breiten Karosserie des Turbo. Mit 500 PS bei 1420 Kilogramm Autogewicht lässt sich so allerhand anstellen, etwa der Sprint in 3,3 Sekunden.

Damit Kurven noch mehr Spaß machen, gibt es ein neues Torque-Vectoring-System mit vollvariabler Hinterachssperre. Die gut 20 Kilometer lange Nordschleife, die seit Jahrzehnten Maßstab in Sachen Tempo und Rekorde für straßenzugelassene Autos und Rennwagen ist, wird in 7:20 Minuten umrundet.

| Technische Daten | Porsche 911 GT3 RS |
|---|---|
| **Bauart** | Coupé |
| **Baujahr** | 2015–2016 |
| **Motor** | Sechszylinder-Boxer |
| **Hubraum** | 3996 cm³ |
| **Leistung** | 500 PS |
| **Getriebe** | Siebengang-Doppelkupplung |
| **Antrieb** | Hinterräder |
| **Gewicht** | 1420 kg |
| **$V_{max}$** | 310 km/h |

| Technische Daten | Porsche 911 GT2 RS |
|---|---|
| **Bauart** | Coupé |
| **Baujahr** | 2017 |
| **Motor** | Sechszylinder-Boxer-Biturbo |
| **Hubraum** | 3797 cm³ |
| **Leistung** | 700 PS |
| **Getriebe** | Siebengang-Doppelkupplung |
| **Antrieb** | Hinterräder |
| **Gewicht** | 1470 kg |
| $V_{max}$ | 340 km/h |

## Porsche 911 GT2 RS

Diesmal hat sich Porsche als Präsentationsort des neuen 911 GT2 RS Typ 991/2 Goodwood ausgesucht, und der Ort bietet die standesgemäße Kulisse für die Entfaltung der wahren Werte des Sportlers: 2,8 Sekunden vergehen bis Tempo 100, 8,3 Sekunden bis 200. Das verdankt der Pilot hauptsächlich dem Sechszylinder-Boxer, der von zwei Turboladern befeuert wird und 700 PS sowie 750 Newtonmeter leistet.

Der Preis befindet sich allerdings auch in anderen Sphären: 285.220 Euro. Im Oktober 2018 fährt das Auto in Manthey-Spezifikation mit Performance-Kit eine Rekordrunde auf dem Nürburgring für straßenzugelassene Fahrzeuge mit 6:40,3 Minuten. Es ist der schnellste und stärkste 911 aller Zeiten und somit auch Basis für den Spaßsportwagen 935/19, den Porsche sich und seinen Fans 2018 zum 70. Geburtstag schenken wird.

**Porsche 911 GT3**

Der GT3 des Typs 991 erfährt 2017 eine Modellpflege und wird deshalb als Typ 991/2 bezeichnet. Seinen Sechszylinder-Boxer kann man bis 9000 Umdrehungen hochjubeln, wenn's notwendig ist. Das Fahrwerk hat alles, was man auch auf der Rennstrecke braucht, inklusive einstellbarer Spur, Sturz und Stabilisatoren. Mit Schaltgetriebe sind 320 km/h möglich, der Sprint gelingt in 3,9 Sekunden. Ein Siebengang-PDK ist natürlich optional erhältlich, dann sprintet der Wagen sogar in 3,4 Sekunden auf 100 km/h. Interesse? Dann bitte 152.416 Euro nach Zuffenhausen überweisen. Auch wenn das Auto eigentlich in Flacht entstanden ist …

| Technische Daten | Porsche 911 GT3 |
|---|---|
| **Bauart** | Coupé |
| **Baujahr** | seit 2007 |
| **Motor** | Sechszylinder-Boxer |
| **Hubraum** | 3996 $cm^3$ |
| **Leistung** | 500 PS |
| **Getriebe** | Sechsgang-Handschalter |
| **Antrieb** | Hinterräder |
| **Gewicht** | 1413 kg |
| **$V_{max}$** | 320 km/h |

## Porsche 911 GT3 RS

Der 911 GT3 RS des Typs 991/2 vereint alle modernen Errungenschaften des Sportwagen- und Rennwagenbaus. Der Vierliter-Sechszylinder-Boxer stellt 520 PS bereit. Die Kraft wird über ein Siebengang-PDK an die Hinterräder weitergereicht. Der Sprint gelingt in 3,2 Sekunden, was auch am Gewicht liegt: 1430 Kilo sind möglich unter anderem dank Dünnglasscheibe im Heckfenster, die 3,7 statt 5,8 Kilogramm wiegt. Auch die hinteren Seitenscheiben sind aus „Gorilla-Glas". Eine Folie filtert 99 Prozent der UV-Strahlung.

Das alles macht das Auto tatsächlich auch noch alltagstauglich. Auch wenn der Porsche-Pressetext anderes suggeriert: „Sein Design folgt einzig dem Zweck, maximale Performance zu generieren. Dabei helfen konsequenter Leichtbau und maximaler Abtrieb. Die Nähe zum Motorsport bestimmt alle fahrdynamisch relevanten Eigenschaften." Die Aerodynamik sorgt für 144 Kilo Abtrieb bei 200 km/h, die Nordschleife umrundet der Renner in 7:05 Minuten. Serienmäßig sind eine Klimaanlage, ein Navigationssystem und ein Liftsystem für die Vorderachse an Bord. Das Auto kostet 195.137 Euro – die meisten Kunden ordern ihn gleich mit Käfig, Feuerlöscher und Sechspunktgurten.

| Technische Daten | Porsche 911 GT3 RS |
|---|---|
| **Bauart** | Coupé |
| **Baujahr** | seit 2018 |
| **Motor** | Sechszylinder-Boxer |
| **Hubraum** | 3996 cm³ |
| **Leistung** | 520 PS |
| **Getriebe** | Siebengang-Doppelkupplung |
| **Antrieb** | Hinterräder |
| **Gewicht** | 1430 kg |
| **$V_{max}$** | 312 km/h |

Kapitel 9

# Elektrisch zur Sicherung der Marke

2010–heute

Anfang des Jahrzehnts wechseln Licht und Schatten in der automobilen Welt einander rasch ab: 2010 ereignet sich im Golf von Mexiko die schlimmste Ölkatastrophe durch die Havarie der Ölplattform „Deepwater Horizon". Sebastian Vettel wird mit 23 Jahren jüngster Formel-1-Meister aller Zeiten. Ende des Jahres wird die EU-weite Bußgeldvollstreckung eingeführt, und in Deutschland manifestiert sich der noch heute grassierende SUV-Hype mit 20 Prozent Verkaufsplus.

Porsche macht indes Druck in Sachen Elektrifizierung: Unter dem Motto „Porsche Intelligent Performance" präsentieren die Stuttgarter auf dem Genfer Salon drei Hybrid-Weltpremieren. Eine ist die Konzeptstudie 918 Spyder. Auf der anderen Seite zerstört ein Unfall den zurzeit schnellsten Porsche der Welt, den 9ff GT9-R. Das 414 km/h schnelle und 823.529 Euro teure Auto gerät beim „Vmax Armageddon" auf dem englischen Flughafenrundkurs des Bruntingthorpe Proving Ground in England von der Fahrbahn ab. Der 1135 PS starke getunte Porsche Turbo hat nur noch Schrottwert.

In Sachen Motoren startet im Jahr 2011 allgemein das Downsizing, es wird generell über turbogeladene Dreizylinder-Motoren nachgedacht. An den Zapfsäulen wird das unbeliebte und nur um rund zwei Cent pro Liter billigere E10-Benzin eingeführt mit fünf bis zehn Prozent Bioethanol. Und Carsharing wird zum Massenphänomen – zwei Jahre später gibt es in Deutschland bereits 757.000 Nutzer. Porsche bringt die neue Generation des Porsche 911 (Typ 991) auf den Markt und wirbt damit, dass sie zu 90 Prozent anders ist als der Vorgänger. Da das Geschäft läuft, baut Porsche im gleichen Jahr eine neue Lackiererei. 2012 übernimmt Porsche Engineering das Hochgeschwindigkeitsoval in Nardo.

Toyota bringt 2015 mit dem Mirai das erste serienmäßige Wasserstoffauto, während Porsche sein supermodernes Ausbildungszentrum in Stuttgart-Zuffenhausen eröffnet. VW erlebt allerdings seinen GAU mit manipulierten Abgaswerten – der Begriff „Dieselgate" steht seitdem für Betrug am Kunden: VW hat in Dieselfahrzeuge Software eingebaut, die auf Prüfständen günsti-

*„Wet Mode": Zur Präsentation des aktuellen Porsche 911 geht es auf die geflutete Piste, wo die Warnung vor Aquaplaning vorgeführt wird.*

gere Abgaswerte angegeben als sie im normalen Fahrbetrieb tatsächlich vorkommen.

Später wird das auch noch anderen Automarken vorgeworfen – Porsche gerät mit in den Strudel. Denn Porsche bezieht seit Jahren Dieselmotoren von Audi, und dort wird der Grund allen Übels vermutet. Das alles schädigt den Dieselmarkt nachhaltig. Dafür geht's in Sachen Elektromobilität voran: Auf der IAA in Frankfurt präsentiert Porsche die Konzeptstudie „Mission E" – den allerersten reinen Elektro-Sportwagen von Porsche.

Im September 2016 wird ein „Freiwilliger Rückruf" im Zuge des Abgasskandals angekündigt, bei dem 10.500 Porsche Macan mit Dieselmotoren eine neue Steuerungssoftware erhalten sollen.

*Edel in Irischgrün: 2017 rollt der millionste Elfer vom Band. Das Auto bleibt im Werk.*

Am 11. Mai 2017 verlässt der millionste 911 das Werk – ein irischgrüner Carrera S. Der Dieselanteil bei Porsche beträgt inzwischen zwölf Prozent. Am 29. Juni bricht Porsche seinen eigenen Rekord: Rennfahrer Timo Bernhard schafft die 20,8 Kilometer lange Nürburgring-Nordschleife in 5:19,55 Minuten – damit fällt die 35 Jahre alte Bestmarke von Stefan Bellof im Porsche 956 C aus dem Jahr 1983, die 6:11,13 Minuten betrug. Das Auto diesmal: ein Porsche 919 Hybrid Evo – eine Weiterentwicklung des Le-Mans-Prototyps, der von 2015 bis 2017 das Langstreckenrennen gewinnt. Ebenfalls 2017 ist Amerika nach wie vor Porsches wichtigster Markt nach China, und das bleibt auch so – Kalifornien allein ist der fünftwichtigste Markt für Porsche. Fast jeder dritte Elfer wird in den USA verkauft.

Im Mai 2018 muss Porsche erneut 53.000 Macan Diesel zurückrufen. Bei diesen Fahrzeugen werden fünf illegale Abschalteinrichtungen festgestellt. Der von Audi entwickelte Motor wird bereits in zahlreichen weiteren Fahrzeugen des VW-Konzerns beanstandet.

*Und noch ein Erfolgsmodell: Auch mit dem Macan surft Porsche auf der SUV-Welle. Er ist der bestverkaufte Porsche.*

Am 25. Oktober 2018 ergeht das erste Urteil im Abgasskandal gegen die Porsche AG: Das Unternehmen wird vom Landgericht Stuttgart dazu verurteilt, einen Cayenne Diesel gegen Rückzahlung des Kaufpreises unter Anrechnung einer Nutzungsentschädigung zurückzunehmen. Dieser Wagen ist mit dem 3.0-Liter-Dieselmotor von Audi ausgestattet, der auch im Macan verbaut ist. Zudem wird Porsche zur Zahlung von weiterem Schadensersatz verurteilt.

Porsche wird letztlich vorgeworfen, 60.000 manipulierte Dieselmotoren verkauft zu haben. Chef Oliver Blume verkündet, dass Porsche künftig keine Dieselfahrzeuge mehr anbiete – schon seit Februar sind keine mehr bestellbar. Dabei will Porsche doch am liebsten nur feiern: 70 Jahre Sportwagen.

*Classic Projekt „Gold": 20 Jahre nach dem Ende der Serienproduktion baut Porsche noch einen 911 Turbo des Typs 993. Seine Versteigerung bringt der Ferry-Porsche-Stiftung gut 2,7 Millionen Euro.*

Deswegen baut die Marke 20 Jahre nach Ende der Luftgekühlten-Ära noch einen einzigen 911 Turbo mit luftgekühltem Motor: Der Spätgeborene besitzt eine Original-Rohkarosse des Typs 993, das Design orientiert sich am Typ 991 Turbo S Exclusive. 6500 Originalteile werden verbaut, das Gold-Stück natürlich goldfarben lackiert.

2018 liefert Porsche weltweit 256.255 Autos aus, darunter 35.573 Sportwagen – ein neuer Absatzrekord. Das Volumenmodell ist der Macan mit 86.031 Stück, gefolgt vom Cayenne mit 71.458 Exemplaren.

Trotz der guten Geschäfte soll ein Sparprogramm von 2019 bis 2022 im Schnitt zwei Milliarden Euro pro Jahr zum Ergebnis beitragen. Ein Großteil der insgesamt sechs Milliarden Euro soll durch eine Steigerung der Effizienz etwa in der Produktentwicklung und der Fertigung sowie durch eine Senkung der Materialkosten gespart werden.

Außerdem will Porsche neue digitale Geschäftsmodelle erschließen wie „360+", ein „Lifestyle-Assistent" für jedermann. In der Testphase können 911-Kunden mitmachen. Jeder zahlt für den „Exklusivzugangs-Service" und „Alltagserleichterer" 99 Euro im Monat.

*Kann auch Gelände: Den Macan gibt es nun auch schon seit 2014.*

Porsche steckt derzeit Milliarden Euro vor allem in die Elektromobilität und profitiert von positiven Mixeffekten im Pkw-Geschäft. Heißt im Klartext: Der Autobauer hat mehr von den sehr teuren Fahrzeugen wie 911 oder Panamera verkauft. Für beide Modelle verzeichnet Porsche beim Absatz zuletzt zweistellige Wachstumsraten.

Für den vollelektrischen Taycan sind Investitionen von 700 Millionen Euro geplant. Sie beinhalten die umfangreichsten Bauarbeiten in der Werksgeschichte: eine neue Lackiererei, eine neue Montagehalle, einen erweiterten Karosseriebau, einen erweiterten Motorenbau.

Ziel: Im Jahr 2025 soll jeder zweite neu gebaute Porsche Elektroantrieb haben.

*Porsche-App 360+: Das ist die schöne neue Komfort-Welt.*

*Nummer eins und die Zukunft: Dazwischen liegen sieben Jahrzehnte.*

**Porsche 911 Carrera GTS**

2010 setzt Porsche der 997/2-Baureihe eine neue Krone auf. Mit dem Spitzen-Carrera GTS kombiniert Porsche die um 44 Millimeter verbreiterte Carrera-4-Karosserie samt breiter Spur mit einem Heckantriebssystem. Optisch auffällig ist der GTS aufgrund seiner besonderen Räder, der schwarzen Anbauteile und der Schriftzüge. Innen dominiert Alcantara überall dort, wo der Fahrer mit dem Auto in Berührung kommt.

Im 408 PS starken GTS kann man jetzt auch mit 1000 bis 2000 Umdrehungen entspannt durch die Gegend bummeln, selbst bei mehr als 7500 Touren läuft die Maschine vibrationsfrei. Übrigens: Der gleich starke 911 Turbo von 1995 hat noch 16,9 Liter Benzin verbraucht, der neue GTS begnügt sich mit 10,6 Litern. Für das Coupé verlangt Porsche 104.935 Euro, der Frischluftspaß im Cabrio kostet 115.050 Euro.

| Technische Daten | Porsche 911 Carrera GTS |
|---|---|
| **Bauart** | Coupé, Cabriolet |
| **Baujahr** | 2010–2014 |
| **Motor** | Sechszylinder-Boxer |
| **Hubraum** | 3800 $cm^3$ |
| **Leistung** | 408 PS |
| **Getriebe** | Sechsgang-Handschalter |
| **Antrieb** | Hinterräder |
| **Gewicht** | 1495 kg |
| **$V_{max}$** | 304 km/h |

## Porsche Cayenne, Cayenne S, Cayenne Turbo, Turbo S, Cayenne Diesel, Cayenne GTS, Cayenne S Hybrid, Cayenne S E-Hybrid

Der vollständig neue Cayenne (Typ 92A), Nachfolger des Typs 9PA, steht auf dem Genfer Salon 2010. Das Design ist gestrafft, innen nähert sich das Styling dem des Panamera an. Die stärksten Varianten sind die Turbo-Versionen – der normale Turbo kommt zuerst mit 550 PS und 700 Nm, ab 2014 mit 520 PS und 750 Nm.

Die Top-Version, der Turbo S, überzeugt mit zunächst 550 PS und 750 Nm und ab 2015 mit 570 PS und 800 Nm. Für die Kraft sorgt ein 4,8-Liter-V8, der von zwei Turboladern befeuert wird. Der Turbo S schafft den Sprint in 4,1 Sekunden. 2015 kostet er 166.696 Euro. Das ist doppelt so viel wie man für den Einstiegs-Benziner zahlen muss.

Ganz neu ist der Cayenne S Hybrid, der mit einem 333 PS starken Dreiliter-Kompressor-V6 und einem 47 PS starken Elektromotor ausgestattet ist. Zusammen ergibt das eine Systemleistung von 380 PS und 580 Nm, was den Leistungen des Cayenne S mit V8-Motor entspricht. Der Wagen rekuperiert beim Bremsen, die so gewonnene Energie steht zum Boosten und zur rein elektrischen Fahrt zur Verfügung.

2012 wird der Cayenne S Diesel eingeführt mit zunächst 382 PS. 2014 wird die zweite Generation facegeliftet. Dabei werden alle Modelle etwas stärker als bisher. Nur das Einstiegsmodell besitzt den Sechsgang-Handschalter, alle anderen sind mit der Achtgang-Automatik ausgestattet. Neu ist der Cayenne S E-Hybrid, dessen Motorenkombination 416 PS leistet. 2015 bekommt der GTS statt seines V8-Motors einen V6-Biturbo, der 520 PS zur Verfügung stellt.

| Technische Daten | Porsche Cayenne, Cayenne S, Cayenne Turbo, Turbo S, Cayenne Diesel, Cayenne GTS, Cayenne S Hybrid, Cayenne S E-Hybrid |
|---|---|
| **Bauart** | SUV |
| **Baujahr** | 2010–2017 |
| **Motor** | V6, V6 Diesel, V8, V8 Biturbo, V8 Hybrid |
| **Hubraum** | 2967–4806 $cm^3$ |
| **Leistung** | 300–570 PS |
| **Getriebe** | Sechsgang-Handschalter, Achtgang-Tiptronic |
| **Antrieb** | Allrad |
| **Gewicht** | 2185–2245 kg |
| **$V_{max}$** | 278–284 km/h |

**Porsche 911 Carrera, Carrera S, Carrera 4, Carrera 4 S**

Der Typ 991 markiert die siebte Generation des Porsche 911 – eine tolle Erfolgsgeschichte. 2011 kommt der neue Elfer, zunächst nur als Coupé in zwei Motorvarianten (Carrera mit 350 PS aus 3,4 Litern Hubraum und Carrera S mit 400 PS aus 3,8 Litern). Der 991 ist der erste Pkw mit handgeschaltetem Siebengang-Getriebe. 2012 liefert Porsche auch die Cabrio-Versionen sowie die Allradvarianten Carrera 4 und Carrera 4 S. Die Cabrios und später gebauten Targa wiegen grundsätzlich 70 Kilo mehr.

2014 folgt der GTS mit 430 PS für 146.228 Euro – sowohl mit Hinterradantrieb als auch als Allradler sowie als Targa. Optisch setzt sich der 991 nicht sonderlich vom Vorgänger ab – aber wieder ist der 911 insgesamt gewachsen. In diese Modellreihe fällt auch das Sondermodell „50 Jahre 911“: Pepita-Stil innen, Classic-Räder, 400 und 430 PS. Wie immer in solchen Fällen verkauft Porsche das Sondermodell im Nu.

| Technische Daten | Porsche 911 Carrera, Carrera S, Carrera 4, Carrera 4 S |
|---|---|
| **Bauart** | Coupé, Cabrio, Targa |
| **Baujahr** | 2011–2018 |
| **Motor** | Sechszylinder-Boxer |
| **Hubraum** | 3426–3800 cm³ |
| **Leistung** | 350–430 PS |
| **Getriebe** | Siebengang-Handschalter |
| **Antrieb** | Hinterräder, Allrad |
| **Gewicht** | 1455–1545 kg |
| **$V_{max}$** | 285–308 km/h |

**Porsche Cayman R**

Eine scharfe Version des Cayman schickt Porsche 2011 ins Rennen. Den Cayman R nennen manche auch den „GT3 für kleines Geld". Der R leidet nicht unter dem Manko eines von Kritikern als „eingeschnürt" bezeichneten Motors wie der Cayman S aus dem Jahr 2005, der in Sachen Leistung dem 911 nicht zu nahekommen durfte. Der R bietet zehn PS mehr Leistung, ein gestrafftes Sportfahrwerk und 55 Kilo weniger Gewicht im Vergleich zur Basis.

Das Fahrwerk ist feingetunt für die Piste, und der Sprint gelingt in genau fünf Sekunden. Der Cayman R gilt bei einigen Fans schnell als der ursprünglichere 911er – kostet aber knapp 16.000 Euro weniger als das Basismodell des 911. Da kann man den Aufpreis von 7300 Euro gegenüber dem Cayman S verschmerzen. Trotzdem muss man insgesamt noch 70.000 Euro auf den Zuffenhausener Tresen legen.

| Technische Daten | Porsche Cayman R |
|---|---|
| **Bauart** | Coupé |
| **Baujahr** | 2011 |
| **Motor** | Sechszylinder-Boxer |
| **Hubraum** | 3436 $cm^3$ |
| **Leistung** | 330 PS |
| **Getriebe** | Sechsgang-Handschalter |
| **Antrieb** | Hinterräder |
| **Gewicht** | 1370 kg |
| **$V_{max}$** | 282 km/h |

**Porsche Panamera E-Hybrid, Panamera S E-Hybrid**

Mitte 2011 bietet Porsche seinen Familien-GT als Hybridauto an – der Panamera E-Hybrid trägt einen V6 mit Kompressor sowie einen 288-Volt-Elektromotor unterm Blech. Der Dreiliter-Verbrenner von Audi trägt 333 PS zum Vortrieb bei, auch wenn nur die Hinterräder angetrieben werden. Der Elektromotor leistet 47 PS, was zusammen eine Systemleistung von 380 PS ergibt. Eine Achtgang-Tiptronic überträgt die Kraft.

| Technische Daten | Porsche Panamera E-Hybrid, Panamera S E-Hybrid |
|---|---|
| **Bauart** | Limousine |
| **Baujahr** | 2011–2016 |
| **Motor** | V6-Kompressor, Elektromotor |
| **Hubraum** | 2995 $cm^3$ |
| **Leistung** | 380–416 PS |
| **Getriebe** | Achtgang-Tiptronic |
| **Antrieb** | Hinterräder |
| **Gewicht** | 2055 kg |
| $V_{max}$ | 270 km/h |

Wegen der Elektrik-Komponenten ist der Hybrid-Wagen allerdings auch der schwerste Panamera mit mindestens 2055 Kilogramm. Kein Wunder: Der Nickel-Metallhydrid-Akku unter dem Kofferraumboden wiegt alleine 70 Kilo. Leistungselektronik macht aus der 288-Volt-Gleichspannung Drehphasen-Wechselstrom, der den Drehstrom-Elektromotor mit Energie versorgt. Der E-Motor kann den Verbrenner unterstützen, kurze Fahrten mit reinem Elektromotor sind auch möglich.

2013 entwickelt Porsche den Wagen zum S E-Hybrid weiter – der Panamera ist nun ein Plug-In-Hybrid, der an der Steckdose aufgeladen werden kann. Er hat einen 95 PS starken E-Motor, was zusammen mit dem Verbrenner eine Systemleistung von 416 PS ergibt. Vollelektrisch sind 135 km/h Spitze möglich, die vollelektrische Reichweite soll 32 Kilometer betragen. Der Akku kann in zweieinhalb Stunden geladen werden.

## Porsche 911 Turbo, 911 Turbo S, 911 Turbo S Exclusive

Der neue 911 Turbo, Typ 991/1, kommt nicht nur mit 520 PS, sondern auch mit aktiver Hinterachslenkung. Sie sorgt vor allem für dynamischere Kurvenfahrten, natürlich vorrangig auf der Rennstrecke. Front- und Heckspoiler sind dreistufig ausfahrbar. Zur noch größeren Unterhaltung der Insassen werden dank Sound-Symposer faszinierende Ansauggesänge des Motors ins Innere geleitet.

750 Nm schieben den 1605 Kilo schweren Sportwagen mit Leichtigkeit an – natürlich hilft der turbotypische Allradantrieb. Die Beschleunigung gelingt in 3,1 Sekunden, mit 315 km/h Top-Speed kann man schon ganz gut auf der Überholspur der Autobahn räubern. Das kostet aber 197.041 Euro. Den Turbo gibt es ab 2012 auch als noch stärkeres S-Modell mit 560 PS, der noch extremer um Vorfahrt bittet.

Beide Turbos haben breite Backen und Heckflügel, die zweistufig ausfahren und den Anpressdruck auf den Hinterachsen erhöhen. Ein Jahr später besitzen die Turbo-Modelle einen mehrfach verstellbaren, dreistufigen Frontspoiler. Anfang 2016 hat der Porsche Turbo S schon 580 PS (Typ 991/2). Das Top-Modell, der 911 Turbo S Exclusive, kommt sogar mit 607 PS, womit er keine drei Sekunden mehr für den Sprint braucht. Er schafft 0 bis 100 km/h in 2,9 Sekunden.

| Technische Daten | Porsche 911 Turbo, 911 Turbo S, 911 Turbo S Exclusive |
|---|---|
| **Bauart** | Coupé, Cabriolet |
| **Baujahr** | 2011–2019 |
| **Motor** | Sechszylinder-Boxer Biturbo |
| **Hubraum** | 3800 $cm^3$ |
| **Leistung** | 520–607 PS |
| **Getriebe** | Siebengang-Doppelkupplung |
| **Antrieb** | Allrad |
| **Gewicht** | 1605–1680 kg |
| **$V_{max}$** | 315–340 km/h |

| Technische Daten | Porsche Boxster, Boxster S, Boxster GTS, Boxster Spyder |
|---|---|
| **Bauart** | Cabriolet |
| **Baujahr** | 2012–2016 |
| **Motor** | Sechszylinder-Boxer |
| **Hubraum** | 2706–3800 cm³ |
| **Leistung** | 265–375 PS |
| **Getriebe** | Sechsgang-Handschalter |
| **Antrieb** | Hinterräder |
| **Gewicht** | 1405–1420 kg |
| **$V_{max}$** | 264–290 km/h |

## Porsche Boxster, Boxster S, Boxster GTS, Boxster Spyder

Typ 981 nennt sich die dritte Generation des Porsche Boxster. Das günstigste Modell kostet 49.243 Euro. Der neue Boxster ist 55 Kilo leichter als der Vorgänger und verbraucht zehn Prozent weniger Kraftstoff, obwohl er stärker ist. Das liegt auch an der Start-Stopp-Automatik und der Verwendung einer elektromechanischen statt einer hydraulischen Lenkung. Das Verdeck öffnet nun drei Sekunden schneller, der Innenraum ist größer geworden, ein paar Designänderungen lassen den Boxster rassiger erscheinen.

Die S-Version hat einen größeren Motor und ist glatte 50 PS stärker, was den Sprint (in 5,1 Sekunden) gegenüber dem Basismodell um 0,7 Sekunden schneller macht. Der Boxster S ist anfangs für 60.191 Euro zu haben. Hinzu kommen ab 2014 der Boxster GTS und 2015 ein neuer Boxster Spyder. Der Spyder ist das Topmodell mit 3,8 Litern und 375 PS. Bis auf den Spyder ist jedes Modell auch mit Siebengang-PDK zu haben.

## Porsche 918 Spyder

„Ein Plug-In-Hybrid an der Grenze des zu dieser Zeit Machbaren", sagt Porsche über den 918 Spyder. Tatsächlich weist das elektrifizierte Supercar Bestwerte auf: Der V8 aus dem Rennsport bringt 608 PS, vorne arbeitet ein E-Motor mit 129 PS, an der Hinterachse noch einer mit 156 PS – macht zusammen überzeugende 887 PS und noch überzeugendere 1280 Newtonmeter maximales Drehmoment.

Das Auto rennt der Konkurrenz mit 345 km/h davon und sprintet in nur 2,6 Sekunden auf 100 km/h. Nur 918 Exemplare werden gebaut zum Stückpreis von 768.026 Euro, womit der 918 Spyder zu diesem Zeitpunkt das teuerste Auto aus deutscher Serienproduktion ist. Dafür gibt es aber auch zwei herausnehmbare Dachhälften aus Carbon und die Möglichkeit, die Nordschleife in 6:57 Minuten zu umrunden.

Jedenfalls, wenn man Walter Röhrl heißt. Der weiß auch: „Wenn die Akkus leer sind, hast Du ein Gefühl, als ob Du plötzlich stehen bleibst." Der Mann gehört allerdings zu den wenigen, die es schaffen, am Ende einer Nordschleifenrunde weniger Strom im Akku mit der größten Energiedichte im automobilen Einsatz zu haben als am Anfang. Im Race Modus bei maximaler Leistung wird überschüssige Energie direkt in den Akku gepumpt. Ein voller Akku reicht für 30 Kilometer.

Nett übrigens die Optionsliste: Liquid-Metall-Lack kostet 47.600 Euro, die Lederausstattung 23.800 Euro, das Kofferset 17.731 Euro, ein in Wagenfarbe lackierter Zündschlüssel 952 Euro und die Kohlefaser-Fußmatte für den Beifahrer 1190 Euro.

| Technische Daten | Porsche 918 Spyder |
|---|---|
| **Bauart** | Coupé |
| **Baujahr** | 2013 |
| **Motor** | V8, zwei Elektro-Motoren |
| **Hubraum** | 4593 $cm^3$ |
| **Leistung** | 887 PS |
| **Getriebe** | Siebengang-Doppelkupplung |
| **Antrieb** | Allrad |
| **Gewicht** | 1674 kg |
| **$V_{max}$** | 345 km/h |

**Porsche Cayman, Cayman S, Cayman GTS**

2012 bringt Porsche die zweite Generation des Cayman, intern Typ 981c. Als Nachfolger des Cayman R gilt das Top-Modell Cayman GTS, das nun 385 PS hat und handgeschaltet 285 km/h rennt. Der Sprint ist in 4,9 Sekunden möglich, der Preis happig: 73.757 Euro. Der Einstieg gelingt mit wesentlich weniger – der einfache Cayman ist für 51.385 Euro zu haben – inklusive dem bei 120 km/h ausfahrenden Heckspoiler. Alle Modelle sind mit Doppelkupplung zu haben, was aber mehr Gewicht bringt und somit etwas schlechtere Fahrwerte.

| Technische Daten | Porsche Cayman, Cayman S, Cayman GTS |
|---|---|
| **Bauart** | Coupé |
| **Baujahr** | 2012–2016 |
| **Motor** | Sechszylinder-Boxer |
| **Hubraum** | 2706–3800 $cm^3$ |
| **Leistung** | 275–385 PS |
| **Getriebe** | Sechsgang-Handschalter |
| **Antrieb** | Hinterräder |
| **Gewicht** | 1385–1450 kg |
| **$V_{max}$** | 264–285 km/h |

### Porsche Macan, Macan S, Macan Turbo, Macan Diesel

Nach dem überwältigenden Erfolg mit dem großen SUV Cayenne probiert Porsche es eine Nummer kleiner: Der grundsätzlich allradgetriebene Macan teilt sich die Plattform mit dem Audi Q5 dank des so genannten Modularen Längsbaukastens. 2014 kommt der in Leipzig gebaute kleine SUV auf den Markt, der die indonesische Übersetzung von „Tiger" als Name trägt.

Unter anderem dank seines sportlichen Äußeren findet er schnell seine Fangemeinde. Den Plan, pro Jahr rund 60.000 Stück zu verkaufen, durchkreuzt der Macan gewaltig: Bis Mitte 2015 sind 100.000 Stück geordert. Zunächst sind zwei Benziner und ein Diesel im Angebot: Zweiliter-Vierzylinder mit 245 PS, Dreiliter-V6 und Dreiliter-V6-Diesel. Im Oktober 2016 kommt ein 3,6-Liter-Turbomotor mit bis zu 440 PS hinzu. Für andere Märkte werden weitere Motoren angeboten, etwa abgespeckte Vierzylinder.

| Technische Daten | Porsche Macan, Macan S, Macan Turbo, Macan Diesel |
|---|---|
| **Bauart** | SUV |
| **Baujahr** | 2014–2018 |
| **Motor** | Vierzylinder Turbo, V6 Turbo, V6 Biturbo, V6 Diesel |
| **Hubraum** | 1984–3604 cm³ |
| **Leistung** | 245–440 PS |
| **Getriebe** | Siebengang-Automatik |
| **Antrieb** | Allrad |
| **Gewicht** | 1865–1925 kg |
| **$V_{max}$** | 230–272 km/h |

**Porsche Cayman GT4**

In Genf steht 2015 eine neue Variante des aktuellen Cayman: der GT4. Natürlich als Top-of-The-Line-Modell mit 3,8-Liter-Sechszylinder, der aus dem 911 Carrera S stammt und hier 385 PS leistet. Das Fahrwerk ist teilweise entlehnt vom 911 GT3. Damit macht Rennsport Spaß, auch ohne Carbon, Hybrid und Elektronik. Der wunderbare Saugmotor arbeitet als Mittelmotor, eine breitere Spur vergrößert den Fahrspaß.

Der GT4 liegt tiefer als die schwächeren Brüder, dadurch ist der Schwerpunkt ebenfalls abgesenkt. Mit Cup-Reifen ist der GT4 ein Traum, der sich trotz allem als recht alltagstauglich erweist. Bei so vielen Vorteilen fallen die erlebbaren 4,4 Sekunden für den Sprint gar nicht ins Gewicht. Für die Möglichkeit, in einem der momentan schärfsten Porsche 295 km/h fahren zu können, müssen allerdings 85.776 Euro nach Zuffenhausen überwiesen werden.

| Technische Daten | Porsche Cayman GT4 |
|---|---|
| **Bauart** | Coupé |
| **Baujahr** | 2015 |
| **Motor** | Sechszylinder-Boxer |
| **Hubraum** | 3800 cm³ |
| **Leistung** | 385 PS |
| **Getriebe** | Sechsgang-Handschalter |
| **Antrieb** | Allrad |
| **Gewicht** | 1415 kg |
| **$V_{max}$** | 295 km/h |

### Porsche 911 Carrera 2, Carrera 2 S, Carrera 4, Carrera 4 S, Carrera 2 GTS, Carrera 4 GTS

Die IAA 2015 bietet wieder ein Feuerwerk an Neuigkeiten – unter anderem den überarbeiteten Porsche 911. Der Typ 991/2 sorgt für Überraschungen: Erstmals stecken Turbomotoren im Heck – das war bislang dem auch so benannten Porsche Turbo vorbehalten. Doch schärfere Umweltgesetze erfordern vorher nie vorstellbare technische Änderungen. Der neue Motor schrumpft gewaltig im Hubraum – jetzt werden nur noch drei Liter angeboten.

Doch dank zweier Turbolader steigt die Leistung und damit heben sich auch die Mundwinkel bislang zweifelnder 911-Fans. Die S-Version ist stärker wegen höheren Ladedrucks und unterschiedlicher Verdichter. So bringen die Basisversionen 911 Carrera 2 und Carrera 4 jeweils 370 PS auf die Straße, Carrera 2 S und Carrera 4 S leisten 420 PS. Kurze Zeit später sind auch Carrera 2 GTS und der allradgetriebene 4 GTS im Angebot: Der gleiche Motor sorgt hier für 450 PS, was umgesetzt in Speed 310 km/h Spitze bedeutet.

| Technische Daten | Porsche 911 Carrera 2, Carrera 2 S, Carrera 4, Carrera 4 S, Carrera 2 GTS, Carrera 4 GTS |
|---|---|
| **Bauart** | Coupé, Cabriolet, Targa |
| **Baujahr** | 2015–2019 |
| **Motor** | Sechszylinder-Boxer Biturbo |
| **Hubraum** | 2981 cm³ |
| **Leistung** | 370–450 PS |
| **Getriebe** | Siebengang-Handschalter |
| **Antrieb** | Hinterräder |
| **Gewicht** | 1500–1570 kg |
| **$V_{max}$** | 293–310 km/h |

## Porsche Macan, Macan S, Macan GTS, Macan Turbo

2018 wird der Macan erneuert: Optisch ändert sich kaum etwas, technisch dagegen schon. So ist jetzt unter anderem ein Stauassistent zu haben, der bis 60 km/h autonom fahren lässt. Das Auto besitzt LED-Scheinwerfer, hinten ein LED-Leuchtenband, innen ein größeres Touch-Display, unten drunter ein besser abgestimmtes Fahrwerk. Startpreis: 58.763 Euro. Zu diesem Zeitpunkt heißen 40 Prozent aller verkauften Porsche Macan.

Der Diesel-Antrieb fliegt aus dem Portfolio – eine Folge des Dieselskandals bei VW. Einstiegsmodell ist der Macan mit 245 PS, es folgt der S mit 340 PS, was für den Sprint in 5,2 Sekunden reicht. Der GTS überzeugt schon mit 360 PS, darüber thront der Macan Turbo. Der ist als normaler Turbo (400 PS) zu haben, als Turbo mit Performance Paket (440 PS) und als gleichstarke „Exclusive Performance Edition". Die kostet 2018 als teuerster Macan 116.091,25 Euro.

| Technische Daten | Porsche Macan, Macan S, Macan GTS, Macan Turbo |
|---|---|
| **Bauart** | SUV |
| **Baujahr** | seit 2018 |
| **Motor** | Vierzylinder Turbo, V6 Turbo, V6 Biturbo |
| **Hubraum** | 1984–3604 cm³ |
| **Leistung** | 245–440 PS |
| **Getriebe** | Siebenstufen-Doppelkupplung |
| **Antrieb** | Allrad |
| **Gewicht** | 1795–1925 kg |
| **$V_{max}$** | 225–272 km/h |

## Porsche Panamera, Panamera 4, Panamera 4 S, Panamera 4 E-Hybrid, Panamera Turbo S E-Hybrid, Panamera GTS, Panamera Turbo, Panamera 4 S Diesel

Die zweite Generation der Porsche-Limousine kommt im Jahr 2016. Der Wagen steht jetzt auf dem „Modularen Standardantriebsbaukasten" des VW-Konzerns. Inzwischen gibt es für jeden Geschmack oder für jeden Kräftewunsch ein Modell – auch der „Executive", also das Langmodell, ist zu haben. Es ist 15 Zentimeter länger, was hauptsächlich dem Fußraum des Fonds zugutekommt.

Neu ab 2016 ist der Panamera 4 E-Hybrid mit 2,6-Liter-V6-Biturbo und 330 PS, der mit einem 136 PS starken Elektromotor kombiniert wird. Die elektrische Reichweite soll 50 Kilometer betragen. 2017 komplettiert der Panamera Turbo S E-Hybrid das Portfolio mit 550 PS starkem Verbrenner und 136 PS starkem E-Motor. Mit 680 PS ist dieses Auto das zweitstärkste Modell im Porsche-Straßenauto-Programm.

| Technische Daten | Porsche Panamera, Panamera 4, Panamera 4 S, Panamera 4 E-Hybrid, Panamera Turbo S E-Hybrid, Panamera GTS, Panamera Turbo, Panamera 4 S Diesel |
|---|---|
| **Bauart** | Limousine |
| **Baujahr** | seit 2016 |
| **Motor** | V6 Turbo, V6 Biturbo und E-Motor, V8 Biturbo, V8 Biturbo und E-Motor, V8 Diesel |
| **Hubraum** | 2995–3996 $cm^3$ |
| **Leistung** | 330–680 PS |
| **Getriebe** | Achtgang-PDK |
| **Antrieb** | Hinterräder, Allrad |
| **Gewicht** | 1815–2310 kg |
| **$V_{max}$** | 262–310 km/h |

### Porsche 718 Boxster, 718 Boxster S, 718 Boxster GTS

Bei der vierten Generation des Boxster (Typ 982) bricht Porsche einmal mehr mit einer Tradition: Aus Umweltschutzgründen (Verbrauch, $CO_2$-Ausstoß) bekommen die neuen Boxster keine turbolosen Sechszylinder mehr, sondern Vierzylinder-Turbos. Der Aufschrei der gusseisernen Fans ist wieder groß – dabei fährt Typ 982 kaum anders als der 981.

Okay, der Klang hat sich verändert, nicht für jeden zum Guten, aber die Fahrleistungen sind eindeutig besser. Der Sprint im Basis-Boxster, der einen Zweiliter-Boxer bekommt, gelingt in 5,1 Sekunden. Mit dem Boxster S und seinem 2,5-Liter klappt das jetzt in 4,6 Sekunden. Topmodell ist ab 2016 der 718 Boxster GTS, dessen 2,5-Liter 365 PS leistet. Für 81.415 Euro erhält der Kunde zusätzlich ein adaptives Sportfahrwerk, Torque-Vectoring und Differenzialsperre an der Hinterachse, innen üppig verteiltes Alcantara. Der Sprint ist in 3,9 Sekunden absolviert, die Höchstgeschwindigkeit beträgt 290 km/h.

Optional ist für alle Modelle ein Siebengang-DSG erhältlich. Weil Limousinen und SUV von Porsche klingende Namen tragen und sich die Sportwagen aus Zuffenhausen durch Nummern von ihnen unterscheiden sollen, bekommt der Boxster nun den Zusatz „718". Die Zahl soll an den Porsche 718 der 1960er Jahre erinnern.

| Technische Daten | Porsche 718 Boxster, 718 Boxster S, 718 Boxster GTS |
|---|---|
| **Bauart** | Cabrio |
| **Baujahr** | seit 2015 |
| **Motor** | Vierzylinder-Boxer Turbo |
| **Hubraum** | 1988–2497 $cm^3$ |
| **Leistung** | 300–365 PS |
| **Getriebe** | Sechsgang-Handschalter |
| **Antrieb** | Hinterräder |
| **Gewicht** | 1410–1450 kg |
| **$V_{max}$** | 275–290 km/h |

## Porsche 718 Cayman, 718 Cayman S, 718 Cayman GTS

Für den neuen 718 Cayman gilt das gleiche wie für den 718 Boxster: neuerdings lauern Vierzylinder-Turboboxer im Heck aller Varianten. Da muss man auf das gewohnte Boxerröcheln verzichten, aber Porsche sorgt dafür, dass der Cayman dennoch nicht klingt wie ein asthmatischer Käfer. Als Basisversion 718 Cayman ist der „kleine 911" 300 PS stark. Es wird zunächst mit Sechsgang-Handschalter ausgeliefert, ab 2018 nur mit Siebengang-PDK.

Das S-Modell erhält 350 PS (unter anderem dank variabler Turboladergeometrie). Damit liefert er sehr gute Fahrleistungen. Gute Bremsen gehören traditionell bei Porsche dazu, und dann verbraucht der Vierzylinder-Turbo natürlich und zielführend weniger als der Sechszylinder-Cayman von früher. Das Top-Modell, der GTS, kommt 2017 mit 365 PS und 420 Nm. 2018 legt Porsche noch einmal zehn Newtonmeter drauf und baut das bislang optional angebotene Siebengang-PDK serienmäßig ein. Mit 290 km/h kratzt der GTS schon mächtig an 911-Gefilden.

| Technische Daten | Porsche 718 Cayman, 718 Cayman S, 718 Cayman GTS |
|---|---|
| **Bauart** | Coupé |
| **Baujahr** | seit 2016 |
| **Motor** | Vierzylinder-Boxer Turbo |
| **Hubraum** | 1988–2497 $cm^3$ |
| **Leistung** | 300–365 PS |
| **Getriebe** | Sechsgang-Handschalter, Siebengang-Doppelkupplung |
| **Antrieb** | Hinterräder |
| **Gewicht** | 1335–1405 kg |
| **$V_{max}$** | 275–290 km/h |

## Porsche 911 Turbo S Exclusive

Vom Typ 991/2 gibt es 2017 auch noch einen 911 Turbo S Exclusive mit 607 PS und 750 Nm. Der Special-Turbo wird zwischen Turbo S und 911 GT2 RS angesiedelt. Es rennt 330 km/h und sprintet in 2,9 Sekunden auf 100 km/h. Das Modell ist auf 500 Stück limitiert. Es besitzt vorrangig eine andere Fronthaube, andere Seitenschweller und ein Dach aus Carbon, selbstverständlich aber auch Allradantrieb, eine Siebengang-Doppelkupplung und Aluminium-Monobloc-Sattelbremsen mit sechs Kolben je Rad an der Vorderachse.

Die Bremsscheiben sind phänomenale 410 Millimeter groß, was den Anspruch Porsches unterstreicht, schon immer viel Wert auf gute Verzögerung zu legen. „Exclusive" bezieht sich letztlich nicht nur auf das Modell, sondern auch auf den Preis: Wer so edel durch die Welt ziehen will, muss mindestens 259.992 Euro anlegen.

| Technische Daten | Porsche 911 Turbo S Exclusive |
|---|---|
| **Bauart** | Coupé |
| **Baujahr** | seit 2017 |
| **Motor** | Sechszylinder-Boxer Biturbo |
| **Hubraum** | 3800 cm$^3$ |
| **Leistung** | 607 PS |
| **Getriebe** | Siebengang-DSG |
| **Antrieb** | Allrad |
| **Gewicht** | 1675 kg |
| **$V_{max}$** | 330 km/h |

## Porsche Cayenne, Cayenne S, Cayenne Turbo, Cayenne E-Hybrid

2017 stellt Porsche die dritte Generation des erfolgreichen großen SUV vor. Wie der Bentley Bentayga und der Audi Q7 steht das Auto auf der neuen MLB-Plattform. Im Vergleich zum Vorgänger ist der Typ PO536 länger, breiter und flacher. Das Cayenne-Gefühl beginnt bei 74.828 Euro.

Das Portfolio in Sachen Motorisierung ist mächtig eingedampft: Auch als Folge der „Dieselproblematik" (genauer: Betrug des VW-Konzerns in Sachen Diesel-Abgase) ist kein Selbstzünder mehr für den Cayenne zu haben. Top-Modell ist der Turbo mit 550 PS und gewaltigen 770 Newtonmetern maximalem Drehmoment, der Ende 2018 die Summe von 138.850 Euro kostet.

Der neue Cayenne E-Hybrid kann nun mit 43 Prozent mehr Leistung des E-Motors und 30 Prozent mehr Batteriekapazität punkten. Die Systemleistung beträgt 462 PS, der Wagen schafft 253 km/h – ist aber auch satte 2295 Kilo schwer. Rein elektrisch fährt das große SUV 44 Kilometer weit und bis zu 135 km/h schnell. Serienmäßig ist – wie inzwischen bei allen Cayenne – eine neue Achtgang-Automatik. Seit 2018 ist auch eine Plug-In-Variante zu haben.

| Technische Daten | Porsche Cayenne, Cayenne S, Cayenne Turbo, Cayenne E-Hybrid |
|---|---|
| **Bauart** | SUV |
| **Baujahr** | seit 2017 |
| **Motor** | V6 Turbo, V6 Biturbo, V8 Biturbo, V6 Turbo-Hybrid |
| **Hubraum** | 2995–3996 $cm^3$ |
| **Leistung** | 340–550 PS |
| **Getriebe** | Achtgang-Tiptronic |
| **Antrieb** | Allrad |
| **Gewicht** | 1985–2295 kg |
| **$V_{max}$** | 245–286 km/h |

### Porsche Panamera GTS Sport Turismo, Panamera 4 E-Hybrid Sport Turismo, Panamera Turbo S E-Hybrid Sport Turismo, Panamera Turbo Sport Turismo

2017 präsentiert Porsche seinen Kunden einen Panamera mit geänderter Karosserie: den Sport Turismo. Der überzeugt besonders durch sein Shooting-Brake-Heck. Der Kofferraum ist größer als beim normalen Modell, die Ladekante um 143 Millimeter niedriger und der Innenraum auf fünf Sitzplätze erweitert. Sechs verschiedene Versionen werden angeboten.

Die Preisliste beginnt 2018 mit 97.557 Euro für den Panamera 4. Preislich geht es über den 4 S zum Halbstromer 4 E-Hybrid für 112.075 Euro. Für den 460 PS starken GTS verlangt Porsche 138.439 Euro, der Turbo kostet schon 160.508 Euro. Top-Modell ist der 680 PS starke S E-Hybrid für 188.529 Euro. Übrigens: 2017 gewinnt der Kofferraum-Panamera die begehrte Auszeichnung „Goldenes Lenkrad".

| Technische Daten | Porsche Panamera GTS Sport Turismo, Panamera 4 E-Hybrid Sport Turismo, Panamera Turbo S E-Hybrid Sport Turismo, Panamera Turbo Sport Turismo |
|---|---|
| **Bauart** | Kombi-Limousine |
| **Baujahr** | seit 2017 |
| **Motor** | V6, V6 Biturbo, V6 Biturbo mit E-Motor, V8 Biturbo |
| **Hubraum** | 2995–3996 cm³ |
| **Leistung** | 330–550 PS |
| **Getriebe** | Achtgang-Doppelkupplung |
| **Antrieb** | Allrad |
| **Gewicht** | 1880–2035 kg |
| **$V_{max}$** | 259–304 km/h |

| Technische Daten | Porsche 911 Carrera T |
|---|---|
| **Bauart** | Coupé |
| **Baujahr** | 2018 |
| **Motor** | Sechszylinder-Boxer Biturbo |
| **Hubraum** | 2981 cm³ |
| **Leistung** | 370 PS |
| **Getriebe** | Siebengang-Handschalter |
| **Antrieb** | Hinterräder |
| **Gewicht** | 1425 kg |
| **$V_{max}$** | 293 km/h |

### Porsche 911 Carrera T

2018 kommt Porsche mit einer abgespeckten Version des 911 Carrera 2 (Typ 991/2) auf den Markt. Die Weissacher haben die Rücksitze entfernt, das Heckfenster sowie die hinteren Seitenfenster mit Dünnglas bestückt und Dämmmaterial eingespart. Auch Sitze hinten gibt es nicht, selbst auf das Porsche-Communications-Management (PCM) muss verzichtet werden – der Sound soll einzig vom röhrenden Auspuffende des doppelt aufgeladenen Sechszylinders kommen.

Das Siebenganggetriebe ist kürzer übersetzt als beim Standardmodell. Auf Wunsch ist eine Doppelkupplung erhältlich, die aber etwas vom Top-Tempo nimmt, während der Sprint in 4,2 statt in 4,5 Sekunden gelingt. Der Preis: 107.553 Euro. Dafür gibt es vor allem „Fahren um des Fahrens Willen" (O-Ton-Porsche) – „eine Idee, die schon der 911 T von 1967 vertrat. Ganz im Sinne des T für Touring im Schriftzug …"

**Porsche 911 Speedster Concept**

Zunächst zeigt Porsche den jüngsten Speedster als „Concept Car", aber schnell wird klar: Er wird wohl ab 2019 in Serie gebaut. Zuerst prangt noch „70/Porsche/1948–2018" auf dem transparenten Plexiglas-Windschott der Studie, die auf einem 911 Carrera 4 Cabriolet (Typ 991) basiert. Geplant sind 1948 Stück nach dem Gründungsjahr der Firma. Das Auto hat viel vom GT3, etwa die karge Mittelkonsole, das Getriebe, die gesamte Kraftübertragung, das Fahrwerk und den Motor.

Als Wetterschutz steht nur ein Tonneau-Cover zur Verfügung, die niedrige Windschutzscheibe schützt nicht wirklich vor Wind. Die Räder bekommen ein eigenständiges Design in 21 Zoll, innen dominiert schwarzes Leder. Der Speedster besitzt 500 PS und erinnert – allerdings nicht mit seiner Kraft – an den 59er Porsche 356 A Carrera GT Speedster von Bruce Jennings. Sein „Riesentöter" lehrte stärkere Autos wie Ferrari und Corvette in den 1960er Jahren das Fürchten.

| Technische Daten | Porsche 911 Speedster Concept |
|---|---|
| **Bauart** | Speedster |
| **Baujahr** | 2018 |
| **Motor** | Sechszylinder-Boxer |
| **Hubraum** | 4000 $cm^3$ |
| **Leistung** | 500 PS |
| **Getriebe** | Sechsgang-Handschalter |
| **Antrieb** | Hinterräder |
| **Gewicht** | k. A. |
| **$V_{max}$** | k. A. |

## Porsche 911 Carrera S, 911 Carrera 4 S

Es herrscht Spannung, als Porsche Ende 2018 am Vortag der Los Angeles Auto Show im firmeneigenen „Porsche Experience Center" die achte Generation des Porsche 911, den Typ 992, enthüllt. Ex-Formel-1-Fahrer Mark Webber und Porsche-Chef Oliver Blume lassen nicht nur alle sieben Vorgänger-Generationen vorfahren, sondern auch den 992 als Coupé in S- und S 4-Version. Die kommen zuerst auf den Markt, also als stärkerer 911 mit Hinterradantrieb und als Allradler.

Der 992 zeichnet sich aus durch ein behutsam weitergeführtes Design (besonders die Heckpartie mit durchgehendem Leuchtenband ist gelungen), durch 450 PS (also genau so viel wie der 911 GTS), einen völlig überarbeiteten Innenraum samt stilsicherem Mix aus analogen Schaltern/Anzeigen mit modernen digitalen Elementen und eine neuartige „Wet Mode"-Elektronik. Sie erkennt dank Sensoren in den Radkästen, wenn sich (zu) viel Wasser auf der Straße befindet und warnt den Fahrer, der per Knopfdruck alle Systeme besonders sicherheitsbetont einstellen kann.

Der Preis für das Gesamtkunstwerk: 120.125 Euro für das S-Coupé, 127.979 Euro für das 4 S-Coupé, das den Sprint in 3,6 Sekunden schafft. Das Cabrio mit fester Glas-Heckscheibe folgt schon sechs Wochen später – für 134.405 Euro (Carrera S) und 142.259 Euro (Carrera 4 S, Top-Speed 304 km/h) inklusive schneller Dachöffnung, die dank neuer Hydraulik nur noch zwölf Sekunden dauert. In Arbeit sind Targa, GTS und GT3.

| Technische Daten | Porsche 911 Carrera S, 911 Carrera 4 S |
|---|---|
| **Bauart** | Coupé, Cabriolet |
| **Baujahr** | seit 2019 |
| **Motor** | Sechszylinder-Boxer Biturbo |
| **Hubraum** | 2981 $cm^3$ |
| **Leistung** | 450 PS |
| **Getriebe** | Achtgang-Doppelkupplung |
| **Antrieb** | Hinterräder, Allrad |
| **Gewicht** | 1515–1565 kg |
| **$V_{max}$** | 304–308 km/h |

## Porsche 718 Boxster T, 718 Cayman T

„T" könnte für „Total wenig Ausstattung" stehen, ist aber eigentlich bei Porsche das klassische Touring-T. Es soll an den 911 T von 1968 erinnern, der durch Abwesenheit von Luxus glänzte. Jetzt gibt es auch den 718 Boxster und den 718 Cayman als T – beide Versionen verbindet die gleiche technische Spezifikation.

Die Eckdaten: Zweiliter-Turbomotor, Sportfahrwerk mit 20 Millimeter Tieferlegung, verkürzter Schalthebel, Sport-Chrono-Paket. Optional ist ein Doppelkupplungsgetriebe zu haben. Was die T nicht haben: normale Türöffner und das Communication Management Modul (das Entertainment-System kann aber aufpreisfrei geordert werden). Mit Softtop kostet so ein T 65.070 Euro, mit dem festen Dach 63.047 Euro.

| Technische Daten | Porsche 718 Boxster T, 718 Cayman T |
|---|---|
| **Bauart** | Cabriolet, Coupé |
| **Baujahr** | seit 2019 |
| **Motor** | Vierzylinder-Boxer Turbo |
| **Hubraum** | 1988 cm³ |
| **Leistung** | 300 PS |
| **Getriebe** | Sechsgang-Handschalter |
| **Antrieb** | Hinterräder |
| **Gewicht** | 1350 kg |
| **$V_{max}$** | 275 km/h |

**Porsche Macan S**

Der neue Macan S ist natürlich erneut stärker als ein Vorgänger – um 14 PS. Der V6-Turbo ist neu entwickelt, der Turbolader befindet sich im Motor-V. Das bedeutet: Kurze Abgaswege und somit spontanes Ansprechverhalten. Das Fahrwerk ist überarbeitet, einige Bauteile bestehen nun aus Alu statt aus Stahl. Das macht den Wagen aber nur unwesentlich leichter – nach DIN-Norm wiegt das SUV 1865 Kilo. Die Bremsen sind größer als beim Vorgänger, optional ist die Keramikbremse zu haben. Ebenfalls optional kann sich der Kunde das GT-Lenkrad aus dem 911 einbauen lassen. Die Preise starten bei 64.356 Euro.

| Technische Daten | Porsche Macan S |
|---|---|
| **Bauart** | SUV |
| **Baujahr** | seit 2019 |
| **Motor** | V6 Turbo |
| **Hubraum** | 2995 $cm^3$ |
| **Leistung** | 354 PS |
| **Getriebe** | Siebengang-Doppelkupplung |
| **Antrieb** | Allrad |
| **Gewicht** | 1865 kg |
| **$V_{max}$** | 254 km/h |

# Mission E/Taycan

Der erste rein elektrisch betriebene Porsche kommt Ende 2019 auf den Markt. Arbeitsname: Mission E. Späterer Modellname: Taycan – das bedeutet „lebhaftes, junges Pferd" und bezieht sich auf das Porsche-Wappen.

Aufgrund der Tatsache, dass der E-Antrieb völliges Neuland ist für Porsche (zumindest der reine, denn mit Hybridversionen auf Straße und Rennstrecke hat Porsche ja schon kräftig geübt), hat Porsche eine dreistellige Zahl von Prototypen gebaut – die genaue Zahl ist geheim. Mit einer Spannung von 800 Volt arbeiten die Komponenten des Antriebssystems. Die Systemleistung beträgt 600 PS, eine Ladung soll für 500 Kilometer gut sein. Porsche-sportlich der Sprint: Der Taycan soll ihn in 3,5 Sekunden schaffen.

Hintergrund der entwicklerischen Eile: Porsche will schneller auf Elektromobilität umsteigen als alle anderen deutschen Hersteller. Schon im Jahr 2025 soll jeder zweite Porsche mit Elektroantrieb ausgerüstet sein, die Hälfte davon vollelektrisch. Porsche rechnet damit, vom Taycan pro Jahr 20.000 Stück zu verkaufen. Bis 2022 will Porsche 22 Milliarden Euro in die Elektromobilität investieren.

Nur zur Erinnerung: Schon im Jahr 1900 hat Ferdinand Porsche für elektrische Antriebe bei Autos gesorgt, die sich dann aber später nicht gegen den Verbrennermotor durchsetzen konnten. Und seit 2010 bietet Porsche Hybridfahrzeuge an.

Technisch ist der Taycan-Antrieb hochkomplex. Damit hohe Leistungsdichte mit starker Dauerleistung und maximaler Effizienz zusammenarbeiten, hat sich Porsche für „permanent-erregte Synchronmotoren" (PSM) entschieden. Ein PSM-Motor ist für die vordere Achse zuständig, einer für die hintere. Weiterer Vorteil der Bauart: Die Antriebe sind klein und leicht. In nur 15 Minuten sollen die Batterien Strom für die nächsten 400 Kilometer aufnehmen. Mehrere Beschleunigungsvorgänge direkt hintereinander sind ohne Leistungsverlust möglich.

Schon im Oktober 2018 wird zudem beschlossen: Der Mission E Cross Turismo (Foto unten) geht als Derivat des Taycan in Serie – vermutlich als Taycan Cross Turismo.

*Produktion 4.0: Die „Flexie-Linie" für den Elektrosportler Taycan wird ein fahrerloses Transportsystem.*

*Die Zukunft hat begonnen: Der erste rein elektrische Sportwagen von Porsche gilt als Meilenstein im Sportwagenbau dank 800-Volt-Technik und Permanentmotor. Ab 2019 sollen rund 20.000 Stück pro Jahr gebaut werden.*

EFFICIENCY
602 Wh/KM
BONUS RANGE
25 KM
508
KM
100 %
0
KM/H
PRND
25
KM
23 °C
32 %
+15 MIN
16:25

PORSCHE

Shell
Racing
RACING
PORSCHE
DUNLOP
shell
RACING
PORSCHE
BOSCH
DUNLOP

Kapitel 10

# Porsche im Rennsport

seit 1948

Der motorsportliche Erfolg von Porsche ist ohne Beispiel: Heute kann die Firma auf mehr als 30.000 Rennsiege zurückblicken. Schon Ferdinand Porsche hat sich früh zu dieser extremen Art von Autoprüfung und zum sportlichen Wettbewerb bekannt – unter anderem mit der Entwicklung des Sascha-Rennwagens von 1922, des Auto-Union-Rennwagens im Jahr 1933 und des Cisitalia-Renners von 1947.

Bereits für die Präsentation des ersten Porsche (offiziell „VW Sport 356/1") sucht sich Porsche das Umfeld des bestens besuchten Grand Prix von Bern um die Rundstrecke von Bremgarten aus, wo sich ohnehin die Fachpresse tummelt. Dort testen die ersten Journalisten den ersten Porsche vor dem Rennen auf der 7,26 Kilometer langen, gefährlichen Piste. Schon kurz nach Fertigstellung der allerersten eigenen Serienmodelle, der Gmünd-Wagen, startet Herbert Kaes am 11. Juli 1948 beim Stadtrennen „Rund um den Hofgarten" in Innsbruck. Er erringt gleich den Klassensieg mit nur 135 km/h Top-Tempo. Das ist der erste Sieg eines Porsche bei einem Rennen – und gleichzeitig eine harte Prüfung für die Ausdauer der jungen 356er.

Bereits 1951 schickt Porsche seine Autos nach Le Mans. Das dortige 24-Stunden-Rennen gilt (noch heute) als Nonplusultra aller Langstreckenrennen und sorgt für hohe Reputation – wenn man die Tortur übersteht. Dafür nutzt Porsche ebenfalls die leichten Gmünd-Coupés aus Aluminium und gibt den Exemplaren die Bezeichnung „356 SL" für „Super Leicht". Zwei Stück sollen in Le Mans starten – es sind die ersten deutschen Rennwagen, die nach dem Krieg auf französischem Boden wieder an einem Wettkampf teilnehmen. Einer fällt durch Trainings-Unfall aus, der zweite aber kommt im Rennen als 20. von 29 Autos ins Ziel und ist Sieger in seiner 1100-Kubik-Klasse. Mit rund 45 PS schafft er ein Durchschnittstempo von 128,1 km/h.

*Debüt an der Sarthe: Auguste Veuillet und Edmond Mouche fahren in Le Mans 1951 zum ersten Klassensieg.*

*Mittelmotor-Renner: Der Porsche 356-001 dreht eine Runde beim Rennen rund um den Hofgarten in Innsbruck 1948.*

1952 gehen zwei Porsche 356 erstmals zur dritten Carrera Panamericana, einer wird mit einem Schnitt von 134 km/h nicht nur Achter im Gesamtrang in der Sportwagenklasse, sondern sorgt auch dafür, dass später alle starken 911 den Zusatz „Carrera" (spanisch für „Rennen") tragen. 1953 testet Porsche den 550 Spyder im Eifelrennen. Da treffen 110 PS aus einem 1435-Kubik-Vierzylinder-Boxer auf nur 550 Kilo Auto – der 550 gewinnt auf Anhieb. In Le Mans gewinnt Porsche erneut seine Klasse, diesmal in der bis 1,5 Liter. 138,8 km/h werden durchschnittlich erreicht, das sind 16 km/h mehr als im Jahr zuvor. Porsche sackt auch noch die Titel der deutschen Sportwagenmeisterschaft in der 1,3- und der 1,5-Liter-Klasse ein.

So viel Erfolg spricht sich schnell herum. Schon bald nutzen Kunden auf aller Welt einen Porsche als Vehikel, um Pokale, Geld oder Reputation zu erringen. 1954 festigt Porsche sein sportliches Image mit Klassensiegen bei der Mille Miglia, der Carrera Panamericana und im 12-Stunden-Rennen in Reims. 1955 feiert Porsche bei der Mille Miglia den Gesamtsieg und die Plätze drei und vier gleich dazu – dank zuverlässiger 550 Spyder. Hinzu kommen erneut Klassensiege in Le Mans und der Erfolg bei der Schweden-Rallye, wo gleich die ersten vier Plätze an Porsche 356 gehen. Bis

*Die beiden 550 Spyder fallen beim ersten Carrera-Panamericana-Einsatz 1953 aus.*

*1954 fährt Hans Herrmann auf dem 550 Spyder den Klassensieg in Südamerika ein.*

*Sizilien 1955: Ernst Lautenschlager und Rudi Scholl sind im Spyder schnell unterwegs.*

*Sebring 1956: Trips und Herrmann holen in Florida den nächsten Klassensieg auf 550 Spyder.*

Mitte der 1950er Jahre hat Porsche bereits rund 400 Siege eingefahren.

1956 gewinnen Huschke von Hanstein und Umberto Maglioli die Targa Florio im 550 RS Spyder. Das ist der erste Porsche-Sieg in der Sportwagen-WM. Beim 12-Stunden-Rennen in Sebring 1957 gewinnt der 550 Spyder seine 1500er-Klasse. Porsche vermeldet außerdem einen Klassensieg bei der Mille Miglia: In der 1600er-Klasse gewinnen Hubert Strähle und Herbert Linge im 356 A Carrera GT. Porsche tritt außerdem erstmals in der Formel 2 an und gewinnt mit Edgar Barth am Steuer des 550 A Spyder das Rennen.

1956 gewinnen Huschke von Hanstein und Umberto Maglioli die Targa Florio im 550 RS Spyder. Das ist der erste Porsche-Sieg in der Sportwagen-WM. Beim 12-Stunden-Rennen in Sebring 1957 gewinnt der 550 Spyder seine 1500er-Klasse. Porsche vermeldet außerdem einen Klassensieg bei der Mille Miglia: In der 1600er-Klasse gewinnen Hubert Strähle und Herbert Linge im 356 A Carrera GT. Porsche tritt außerdem erstmals in der Formel 2 an und gewinnt mit Edgar Barth am Steuer des 550 A Spyder das Rennen.

1958 ist der 550 Spyder auf seinem Höhepunkt: Stirling Moss und Jean Behra holen sich die Vize-Weltmeisterschaft der Sportwagen-WM, Wolfgang Graf Berghe von Trips gewinnt die Europa-Bergmeisterschaft. Im gleichen Jahr peitscht Bill Paine erstmals einen Porsche in Amerika die knapp 20 Kilometer lange Rennstrecke des Pikes-Peak-Bergrennens hoch – es ist ein 356 A Speedster. 1959 triumphiert Edgar Barth in der Bergmeisterschaft – diesmal auf Typ 718. Bei der Targa Florio siegt Porsche ebenfalls.

1960 baut Porsche seinen ersten Monoposto: Der 718/2 mit 718er-Technik ist der erste reine Formel-2-Bolide aus Zuffenhausen. Das Fahrerduo Joakim Bonnier und Graham Hill gewinnt die Meisterschaft. Porsche engagiert sich außerdem in der neu-

*Sieg in Zeltweg 1960: Stirling Moss auf 718*

*Noch ein schneller Spyder: Im RSK rast Ricardo Rodriguez 1959 beim Großen Preis von Meadowdale durch die Steilkurve.*

*Hoffnungsträger: 1962 geht Porsche mit dem neuen Formel-Renner 804 auch am Nürburgring an den Start.*

en Formel 1 – dort wird der Typ 787 eingesetzt mit 1,5-Liter-Motor. Herbert Linge und Paul-Ernst Strähle gewinnen die Rallye Korsika, und in Sebring siegen zwei 718 RSK. Insgesamt belegt Porsche in diesem Jahr den zweiten Platz in der Sportwagen-Weltmeisterschaft.

Der Siegeszug geht 1961 weiter: Heini Walter gewinnt die Europa-Bergmeisterschaft und Hans-Joachim Walter die Rallye-Europameisterschaft. Mit dem Typ 787 schafft Porsche 1961 den Übergang von der Formel 2 in die Formel 1. Porsche steigt als Werksteam 1 ein – die Saison schließt Porsche mit Dan Gurney als drittplatziertem Fahrer ab. Die besonders leichte 356-B-Version GTL Abarth erringt durch radikales Weglassen von allem, was Gewicht bedeutet, drei GT-Weltmeisterschaften zwischen 1961 und 1963 sowie Klassensiege in Le-Mans, bei den 24-Stunden vom Nürburgring und der Targa Florio.

1962 ersetzt der Typ 804 den modifizierten Typ 787 in der Formel 1, der Motor liefert 180 PS aus nach wie vor 1,5 Litern Hubraum. Dan Gurney gewinnt damit sogar einen Grand Prix, und zwar den von Frankreich. Nicht zur WM zählt dagegen der Doppelsieg von Gurney und Bonnier an der Solitude, wo die beiden nach 285 Kilometern triumphieren können. Ende des Jahres zieht sich Porsche aber zurück: Die Verantwortlichen befinden, dass die Formel 1 sich zu sehr von Serienautos entfernt und somit ein Engagement nicht mehr lohnt.

1963 gewinnen Joakim Bonnier und Carlo Abate die Targa Florio – für Porsche ist das bereits der vierte Sieg auf Sizilien. Mit einem Durchschnittstempo von 104 km/h stellen sie einen neuen Rekord auf. Edgar Barth gewinnt mit dem 718 W-RS wieder die Europa-Bergmeisterschaft. 1964 baut Porsche einen Rennwagen mit Straßenzulassung und gewinnt mit dem 904 Carrera GTS prompt die Targa Florio mit Antonio Pucci und Colin Davis als Team. Ein Jahr später werden Gerhard Mitter und Colin Davis dort Zweite auf Porsche 904/8. Im 12-Stunden-Rennen in Sebring platzieren sich vier Carrera GTS unter den besten zehn Wagen.

Auch die Zeit der Porsche 911 beginnt gleich mit einer Sensation: Herbert Linge und sein Co Peter Falk prügeln 1965 einen der ersten, nahezu serienmäßigen 911 2.0 durch die Rallye Monte Carlo – sie werden Gesamt-Fünfte, obwohl sie nur den Auftrag haben, das Auto zwecks marketingwichtigem Foto mit Fürst Rainier schrammenlos am Ziel abzuliefern. Edgar Barth verteidigt im gleichen Jahr Porsches Titel in der Europa-Bergmeisterschaft auf 718 W-RS Spyder, die Porsche ab 1958 insgesamt sechs Mal gewinnt.

1966 wird der 906 Carrera 6 Nachfolger des 904. Mit ihm belegt Porsche in Le Mans die Plätze zwei, drei und vier. 1967 gelingt mit dem 910 ein Dreifachsieg bei der Targa Florio. Günther Klass wird Rallye-Europameister auf Porsche 911 R. Außer-

*Dreifachsieg: Der 910 ist unwiderstehlich bei der Targa Florio 1967.*

dem gewinnt 1967 zum ersten Mal ein Porsche das 1000-Kilometer-Rennen auf dem Nürburgring. Die Piloten heißen Joe Buzetta und Udo Schütz. Vic Elford wird auf Porsche 911 S Europa-Rallyemeister.

1968 räumt Porsche so gut wie überall ab – die Porsche 907/8 und 908 dominieren die Markenweltmeisterschaft. Der 907 siegt dreifach im 24-Stunden-Rennen in Daytona und holt einen Doppelsieg im 1000-Kilometer-Rennen auf dem Ring. Sieger: Jo Siffert und Vic Elford vor Hans Herrmann und Rolf Stommelen. Die auch zur Markenweltmeisterschaft zählende Targa Florio gewinnen Vic Elford und Umberto Maglioli auf 907. Gerhard Mitter holt sich mit seinem 910 Bergspyder die Bergmeisterschaft. Die Rallye Monte Carlo gewinnen Elford und David Stone auf einem 911 T.

1969 entsteht auf Basis des 908 der Porsche 917. Der 917 siegt erstmals auf dem Österreichring mit Jo Siffert und Kurt Ahrens, insgesamt gibt es bei zehn Läufen sieben Siege. Mit dem 908 gewinnt Porsche noch überlegen die Markenweltmeisterschaft mit sechs Siegen. Die Targa Florio gewinnen Gerhard Mitter und Udo Schütz ebenfalls auf Porsche 908/2. Die Rallye Monte Carlo sichern sich Björn Waldegaard und Lars Helmér auf 911 S.

1970 holt Porsche erneut den Markenweltmeister-Titel durch Siege in neun von zehn Läufen. Darunter zählt auch erstmals Le Mans: Das wichtigste Rennen weltweit entscheiden Hans Herrmann und Richard Attwood auf Porsche 917 Kurzheck für sich. Zweiter wird ein Langheck-917, dritter ein 908/2 Langheck. Während des Rennens dreht Steve McQueen Teile seines Film

*Revanche auf 917: 1970 gelingt endlich der heißersehnte Gesamtsieg in Le Mans. Hans Herrmann (Startnummer 23) bringt den Salzburg-Porsche als erster ins Ziel.*

*Kopf-an-Kopf-Finish: In einem atemberaubenden Finale scheitert Hans Herrmann auf 908 knapp gegen Jacky Ickx auf Ford GT40.*

*Annähernd unschlagbar: In der CanAm-Serie eilen die 917er von Sieg zu Sieg.*

*Daytona 1971: Mit dem Carrera RSR gelingt der Sieg im 24-Stunden-Rennen.*

„Le Mans" – dazu wird ein Porsche 908/2 mit einer Kamera ausgerüstet. Fahrer sind Porsche-Urgestein Herbert Linge und Jonathan Williams. Bei der Targa Florio 1970 erringt Porsche ein Doppelsieg mit Jo Siffert und Brian Redman sowie Leo Kinnunen und Pedro Rodriguez. Damit hat Porsche seit 1956 neun Mal auf Sizilien triumphiert.

1971 gelingt Porsche der zweite Gesamtsieg in Le Mans. Am Steuer des 917 Kurzheck: Gijs van Lennep und Helmut Marko. Mit acht von zehn möglichen Siegen sichert sich Porsche zudem die Sportwagen-Markenweltmeisterschaft. 1972 explodiert die Leistung der Rennwagen förmlich: Der 917 mutiert in Amerika zum 917/10 Can Am Spyder mit 1000 PS. So gerüstet gewinnt Porsche die CanAm-Serie gleich im ersten Jahr. Auch die europäische Inter-Serie mit CanAm-Autos gewinnt Porsche mit dem 917/10.

1973 wiederholt der 917/30 die Vorjahreserfolge. Dann aber müssen 917 und die Can-Am-Porsche aufs Altenteil – davon profitiert der 911 Carrera RSR. Der siegt in zwei Läufen der Marken-WM, darunter ist die letzte echte Targa Florio. Ebenfalls ein 911 Carrera RSR gewinnt die 24 Stunden von Daytona. Mit dem Auto hat Porsche erneut ein Auto mit Siegergenen im Portfolio –1974 gibt es mehrere Gesamtsiege in der Langstrecken-WM.

1976 wird der neue Porsche 935 in der Markenweltmeisterschaft und in der deutschen Rennsportmeisterschaft eingesetzt. Sein Turbomotor leistet bis zu 845 PS. In Le Mans gewinnt die offene Variante, der 936 Spyder mit Ickx und van Lennep. Nach dem erneuten Gewinn der Marken-WM mit dem 935 pausiert Porsche und kümmert sich mehr um den Kundensport. 1977 wiederholen Jacky Ickx, Jürgen Barth und Hurley Haywood auf Porsche 936 den Erfolg.

1978 gewinnen Kunden auf Porsche zum sechsten Mal die Marken-WM, außerdem die Europa-Sportwagen-WM und die Europa-Bergmeisterschaft. Das geht 1979 so weiter: Kunden sichern sich auf Porsche die Markenweltmeisterschaft, die Europa-Bergmeisterschaft und die Deutsche Rennsportmeisterschaft. Ein 935 K3 von Kremer Racing gewinnt in Le Mans mit Klaus Ludwig und den Brüdern Don und Bill Whittington. Auch die nächsten drei Plätze belegen Porsche-Typen.

1980 holt der 935 wiederum die Markenweltmeisterschaft nach Stuttgart. In Daytona gelingt ein Dreifachsieg. 1981 dominiert Porsche erneut in Le Mans – Jacky Ickx und Derek Bell siegen im 936/81, passend zum 50. Geburtstag von Porsche. 1981 baut Porsche den teuersten 924 aller Zeiten in 17 Exemplaren, den Gruppe-4-Rennwagen 924 GTR. Ein Exemplar kostet 180.000 Mark. McLaren klingelt bei Porsche an wegen eines 1,5-Liter-Formel-1-Motors, später werden Mansour Ojjeh und seine TAG-Gruppe den V6-Turbo finanzieren.

Am 19. und 20. Juni 1982 beginnt der legendäre Porsche 956 seine Siegesserie, angefangen mit einem Dreifachsieg in Le Mans (ganz oben auf dem Podest: Bell und Ickx). Mit dem Auto

*Doppelweltmeister: Mit dem 936 (links) siegt Porsche in der Sportwagen-WM und in Le Mans, mit dem 935 in der Marken-WM.*

SOCIETE
PERNOD
GITANES
NORMA
ROTHMANS

gewinnt Porsche auch Fahrer- und Markenweltmeisterschaft. 1983 steigt Porsche wieder in die Formel 1 ein – wenn auch nur mit einem Motor. Der 1,5-Liter-Sechszylinder-Turbo hat seinen ersten Auftritt in einem McLaren-F1. Porsche holt sich außerdem Fahrer- und Marken-WM und obendrauf noch den IMSA-Titel. Auch Le Mans schnappt sich Porsche mit Vern Schuppan, Hurley Haywood und Al Holbert im 956 C.

Schon 1984 gewinnt der McLaren-Porsche die F1-Fahrer- und die Konstrukteurs-WM. Der Wagen ist insgesamt zwölf Mal siegreich bei 16 Starts. Der Porsche 956 dominiert die Marken-WM und holt sich den Titel. In Le Mans werden die ersten sieben Plätze von Porsche-Kundenteams gewonnen, Titelträger ist das Team von Reinhold Joest mit Klaus Ludwig und Henri Pescarolo am Steuer. Der Durchschnitt liegt diesmal bei 204,178 Stundenkilometern. Porsche gewinnt in diesem Jahr auch die Rallye Paris-Dakar – im ersten Anlauf. Im Typ 953 sitzen René Metge und Dominique Lemoyne.

1985 gewinnt Porsche die vierte Langstrecken-Weltmeisterschaft in Folge (die Fahrertitel sichern sich Stuck und Bell) inklusive Sieg in Le Mans (Porsche 956B mit Barilla, Ludwig und Klages). In der Formel 1 gewinnt Alain Prost den Fahrertitel im McLaren MP42B-TAG V6. Auch der Konstrukteurstitel geht an Porsche-TAG-McLaren. Und der allradgetriebene Porsche 959 gewinnt auf Anhieb die Pharaonen-Rallye. Aber es finden auch Dramen statt: Innerhalb von kurzer Zeit verunglücken gleich drei Porsche-Rennfahrer tödlich: zuerst Manfred Winkelhock und Stefan Bellof, nur neun Monate später (1986) folgt ihnen Jo Gartner.

Erfreulicher: 1986 wird Prost wieder F1-Weltmeister im March mit Porsche-Motor. In Le Mans gewinnt Porsche mit Derek Bell, Hans-Joachim Stuck und Al Holbert auf 962 C. Der Typ 961 – die Rundstreckenversion des 959 – erringt in Le Mans einen Klassensieg. Porsche gewinnt zusätzlich nicht nur wieder die neubenannte Sportprototypen-WM (vorher Marken- oder Lang-

*Spitze: 1984 holt der McLaren-Porsche in der Formel 1 den Fahrer- und den Konstrukteurstitel.*

*Sensation 1982: Auf den ersten drei Plätzen fahren die Werks-956 in Le Mans durchs Ziel.*

*1987 in Le Mans: Hans Stuck im siegreichen 962 C hält für einen nächtlichen Boxenstopp.*

strecken-WM), sondern mit dem 959 auch noch die Rallye Paris-Dakar.

1987 glänzen die deutschen Autos bei den 24 Stunden von Daytona: Die ersten sechs Plätze belegen Porsche 962. Der Typ 962 gewinnt abermals die 24 Stunden von Le Mans, pilotiert von Derek Bell, Hans-Joachim Stuck und Al Holbert. Der Tempodurchschnitt ist wieder etwas gestiegen und beträgt 207,197 Stundenkilometer. Auch in der Formel 1 fällt der Name Porsche: Weltmeister wird Alain Prost auf einem McLaren mit Porsche-Motor. Die Konstruktions-Krone holt sich jedoch in diesem Jahr Williams.

Technisch interessant: Porsche setzt im 962 C erstmals ein PDK als Renngetriebe ein. Seit 1983 wird daran gebastelt, die Idee stammt schon aus den 1960er Jahren. Erstmals fährt außerdem ein Allradauto in Le Mans: der Porsche 961, also ein Rundstrecken-959. 1988 engagiert sich Porsche verstärkt in der neuen CART-Serie in den USA. Der Typ 2708 Cart hat ein Alu-Kunststoff-Monocoque, sein 750-PS-V8 wird mit Methanol betrieben. 1989 gewinnt Roland Asch den deutschen „Porsche 944 Turbo Cup".

1990 findet in Deutschland zum ersten Mal der „Porsche Carrera Cup" statt als Nachfolger des „944 Turbo Cup". Basis des Rennautos ist der 911 Carrera 2 mit 3,6 Litern Hubraum und 265 PS. Der Auftaktgewinner und erste Gesamtsieger heißt Olaf Manthey. Im Jahr darauf setzt Porsche noch einmal einen F1-Motor ein, und zwar für die Footwork-Arrows-Boliden. Doch der Zwölfzylinder floppt.

1991 wird motorsportlich ein schlechtes Jahr für Porsche: Man zieht sich unglücklich aus dem F1-Projekt mit Footwork-Arrows zurück – der Motor ist zu schwach und nicht standfest wegen versagendem Ölkreiskauf. 1993 etabliert Porsche den „Porsche Supercup" als internationale Meisterschaft.

1994 sind die Stuttgarter froh, erneut einen Gesamtsieg in Le Mans einzufahren. Das Werkzeug ist ein 962 LM Sport des Teams von Jochen Dauer. Pilotiert wird der Bolide von Yannick Dalmas, Hurley Haywood und Mauro Baldi. Sie jagen mit einem Durchschnitt von 195,238 Stundenkilometern über den Traditionskurs. Neben einem Doppelsieg in der GT1-Klasse holt der 911 Carrera RSR auch noch einen Dreifachsieg in der GT2-Klasse.

1996 kommt Porsche mit einem neuen Rennwagen. Der 911 GT1 holt in Le Mans den Klassensieg. Gesamtsieger werden Manuel Reuter, Davy Jones und Alexander Wurz auf dem WSC-95-Prototypen des Teams Joest und mit einem Schnitt von 200,6 km/h sowie mit 4814,4 Kilometern. 1997 sichert sich Porsche

*Mid-Ohio 1989: Teo Fabi gelingt mit dem Indy in der CART-Serie der erste Sieg.*

*Teamsport: Le Mans 1986 gewinnt Joest Racing auf dem WSC 95.*

Dick Barbour
51
Mobil 1
MICHELIN
BILSTEIN
MICHELIN

den 15. Gesamtsieg in Le Mans – allerdings nicht mit dem Werksteam, das kurz vor Rennende ausfällt, sondern erneut mit einem WSC-95 von Joest Racing. Am Steuer: Michele Alboreto, Stefan Johansson und Tom Kristensen. Der Durchschnitt: 204,186 km/h, die zurückgelegte Strecke beträgt 4909,6 Kilometer. 1998 gewinnt dann doch noch der 911 GT1 in Le Mans mit den Piloten Laurent Aiello, Allan McNish und Stéphane Ortelli und einem Schnitt von 199,324 km/h. Auch das zweitplazierte Auto kommt aus Stuttgart. 1999 bietet Porsche Kundenteams den 911 GT3R an.

Es folgen zur Jahrtausendwende derart viele neue Rennserien und Siege, dass man sie gar nicht alle aufzählen kann. 2000 holt sich Porsche den Titel in der American Le Mans Series (ALMS) in der GT-Klasse mit Bob Wollek, Sascha Maassen, Jörg Müller und Lucas Luhr auf 911 GT3 R. 2001 gewinnt Jörg Bergmeister den „Porsche Pirelli Supercup". 2005 feiert der RS Spyder Premiere mit 3,4-Liter-V8 bei Kunden-Teams in der ALMS. 2006 gewinnt Porsche in der ALMS zwei von vier Wertungen.

Bei den 24 Stunden auf dem Nürburgring fährt das Privatteam von Manthey mit Lucas Luhr, Timo Bernhard, Mike Rockenfeller und Marcel Tiemann auf 911 GT3 als erstes über die Ziellinie. Zweiter wird das Alzen-Team. 2007 holen sich Romain Dumas und Timo Bernhard den ALMS-Titel in der GT2-Klasse. 2008 gewinnt das Team Manthey zum dritten Mal in Folge die 24 Stunden in der Grünen Hölle. Das Auto: ein 911 GT3 RSR. Die Piloten: Bernhard, Dumas, Lieb, Tiemann.

Von 2015 bis 2017 gewinnt Porsche in Le Mans dreimal hintereinander, stets mit dem Porsche 919 Hybrid. Dann steigen die Stuttgarter aus, um sich ab Ende 2019 völlig auf die Formel E konzentrieren zu können. 2018 gewinnt ein Porsche 911 RSR mit 510 PS die GTE-Pro-Klasse in Le Mans. Er ist genauso lackiert wie der Porsche 917/20, der 1971 startete: als rosafarbene Sau, auch „Dicke Berta" genannt. Auch das 24-Stunden-Rennen auf dem Nürburgring in 2018 gewinnt Porsche, und zwar mit dem 911 GT3 R von Manthey Racing. Insgesamt sind bei diesem Rennen anfangs 43 Renn-Porsche unterwegs, und Porsche testet den Cayman GT4 Rallye aus – zunächst als Vorausfahrzeug. Ende 2018 präsentiert Porsche den 911 GT3 RS Clubsport als neue GT-Kundenvariante, Anfang 2019 überrascht Porsche in Daytona mit einem nagelneuen GT4 Cayman Clubsport. Das Besondere: Teile der Karosserie bestehen aus Biofasern.

Ende 2019 steigt Porsche mit Werksteam in die imageträchtige Formel E ein, wo sich dann voraussichtlich elf Hersteller tummeln und für die neue vollelektrische Antriebsart werben. Ein passendes, forderndes Feld für die Tüftler aus Flacht …

*ALMS-Sieger: In der American Le Mans Series reüssieren Wollek, Maassen, Müller und Lühr auf GT3 R.*

*Ein ganz neuer Renner: 2005 hat der RS Spyder Premiere.*

*Grüne Hölle: In der Eifel fährt das Team Manthey 2006 auf 996 zum Klassensieg in der VLN.*

*Die neue Kraft: Der Porsche 919 Hybrid holt dreimal in Folge Le Mans.*

*Klassensieg 2013: Marc Lieb, Richard Lietz und Romain Dumas sind in Le Mans erfolgreich.*

Pro

*Evergreen: Der Porsche 911 GT3 R im 2019er-Trimm gibt sein Debüt auf der Nürburgring-Nordschleife*

**Porsche 550 1500 RS Spyder, 550 A 1500 RS Spyder**

Um noch mehr Aufmerksamkeit zu erregen, stellt Porsche 1953 zusätzlich zu seinen Straßensportlern einen Rennwagen auf den Messestand in Paris. Der 550 Spyder basiert auf dem 356 und ist der erste reinrassige Rennwagen der Firma. Die Fans sind aus dem Häuschen, und Porsche beschließt eine Kleinserie für solvente Privatiers, die damit Siege um Siege in diversen Rennserien und bei Einzelveranstaltungen einfahren.

Großen Anteil daran hat der 110 PS starke Fuhrmann-Boxer, der als Mittelmotor eingebaut ist (Typ 692). Ab 1955 bietet Porsche den wunderschönen Renner, der nur 8,9 Sekunden von 0 auf 100 km/h benötigt, für 24.600 Mark an. Die Karosserie besteht aus Leichtmetall, das Armaturenbrett ist als mittragendes Element gestaltet. Basis ist ein Gitterrohrrahmen. Die frühen Exemplare sind mit einem Vierganggetriebe ausgerüstet, spätere bekommen einen weiteren Gang spendiert.

Wer einmal auf dem Schalensitz Platz genommen hat, will nicht wieder aussteigen. Der Motor donnert direkt hinter den Ohren, sein Sound gehört zu den schönsten Sorten Lärm, die man sich vorstellen kann. Der Antrieb schreit nach hohen Drehzahlen, alles andere ist dem Wagen zuwider. Die Beschleunigung macht süchtig. Später gibt es den 550 auch als 550 A, basierend auf dem 356 A mit Gitterrohr- statt Plattformrahmen, tieferem Drehpunkt der Pendelachse und vorne mit einem Stabi. Die Federstäbe der Vorderachse sind aus vier Blättern geschichtet, hinten arbeitet ein runder Torsionsstab. 2018 wird ein 550 A (Baujahr 1957) versteigert – für 4.227.330 Euro.

| Technische Daten | Porsche 550 1500 RS Spyder, 550 A 1500 RS Spyder |
|---|---|
| **Bauart** | Spyder |
| **Baujahr** | 1953–1957 |
| **Motor** | Vierzylinder-Boxer |
| **Hubraum** | 1498 $cm^3$ |
| **Leistung** | 110–130 PS |
| **Getriebe** | Viergang-, Fünfgang-Handschalter |
| **Antrieb** | Hinterräder |
| **Gewicht** | 550–590 kg |
| **$V_{max}$** | 220–240 km/h |

## Porsche 356 B 1600 GS Carrera GTL Abarth

Ende der 1950er Jahre ist der Porsche 356 kein junger Hüpfer mehr – auf den Rennstrecken kommt ihm die Konkurrenz bedenklich nahe. Die Porsche-Rennabteilung reagiert und kontaktiert – weil aus dem Motor kaum mehr herauszupressen ist – den österreichischen Leichtbauprofi Carlo Abarth. Der speckt einen normalen 356 B Carrera radikal um rund 120 Kilo ab. Auch die Maße ändern sich: Der Carrera GTL Abarth wird 13 Zentimeter niedriger und kürzer als die Basis und um zwölf Zentimeter schmaler.

Das Auto gerät letztlich nicht schön, aber schnell – und ist überaus erfolgreich. 135 PS schockieren infernalisch laut die Konkurrenz, bis zu 235 km/h schnell ist so ein Wunderwerk, dessen Purismus so weit geht, dass Türgriffe durch Textilschlaufen ersetzt werden. Nur 21 Stück entstehen, alle ausschließlich als Coupé.

| Technische Daten | Porsche 356 B 1600 GS Carrera GTL Abarth |
|---|---|
| **Bauart** | Coupé |
| **Baujahr** | 1960 |
| **Motor** | Vierzylinder-Boxer |
| **Hubraum** | 1587 $cm^3$ |
| **Leistung** | 135 PS |
| **Getriebe** | Viergang-Handschalter |
| **Antrieb** | Hinterräder |
| **Gewicht** | 778 kg |
| $V_{max}$ | 235 km/h |

### Porsche 718 RS-K, 718 RS 60 Spyder, 718 RS 61, 718 GTR, 718 W-RS Spyder

1957 präsentiert Porsche als Nachfolger des 550 den 718 RSK, der in nur 34 Exemplaren gebaut wird. Dabei bedeutet RS natürlich „Rennsport", das K steht für die neu entwickelten vorderen Torsionsstabfedern, die in der Form eines auf dem Rücken liegenden „K" ausgeformt sind. Das Modell ist sportlich außerordentlich erfolgreich.

1960 schiebt Porsche aufgrund einer Reglement-Änderung den 718 RS 60 Spyder nach. 19 Autos werden gebaut. Das Auto holt Gesamtsiege bei der Targa Florio, den zwölf Stunden von Sebring und kassiert die Europa-Bergmeisterschaft (1960 und 1961). Die nächste 718-Stufe zündet Porsche im Oktober 1961 mit dem 718 RS 61, der als Coupé berechtigt ist, in Le Mans mitzufahren.

1961 bringt Porsche einen 718 GTR Coupé an den Start, von 1961 bis 1964 sorgt der 718 W-RS Spyder für Furore. Der Wagen ist ein Einzelstück, gebaut für die „World Endurance Trophy", er trägt noch heute den liebevollen Spitznamen „Großmutter" und gewinnt 1963 und 1964 die Europa-Bergmeisterschaft. Übrigens: 2018 wird ein 718 RSK von 1959 versteigert. Er kostet seinen neuen Besitzer 3.226.570 Euro.

| Technische Daten | Porsche 718 RS-K, 718 RS 60 Spyder, 718 RS 61, 718 GTR, 718 W-RS Spyder |
|---|---|
| **Bauart** | Spyder, Coupé |
| **Baujahr** | 1957–1962 |
| **Motor** | Vierzylinder-Boxer, Achtzylinder-Boxer |
| **Hubraum** | 1498–1981 $cm^3$ |
| **Leistung** | 142–240 PS |
| **Getriebe** | Fünfgang-Handschalter |
| **Antrieb** | Hinterräder |
| **Gewicht** | 584–670 kg |
| **$V_{max}$** | 260 km/h |

## Porsche 718 Formel 2

Porsches Formel-2-Experiment entwickelt sich aus dem Rennwagen 718 RSK. Das Formel-2-Rennen auf dem Nürburgring 1957 gewinnt Edgar Barth auf einem kaum modifizierten RSK Spyder. Ein Jahr später hat Porsche die Lenkung in die Mitte versetzt. Unter der Alublech-Karosserie des Formel-2-Wagens von 1960 steckt der Fuhrmann-Motor Typ 547/3 mit 150 PS, die bei 7800 Umdrehungen auf die Hinterräder losgelassen werden. Porsche gewinnt damit die inoffizielle Weltmeisterschaft „Coupe des Constructeurs".

Die Leistung steigt bis zur Saison 1962 über 187 auf 189 PS dank des Profi-Tuners Michael May, der den Vierzylinder auf Benzindirekteinspritzung umbaut. Die Kraftübertragung übernimmt ein Sechsgang-Getriebe, wobei der erste Gang nicht nur zum Anfahren entwickelt ist, sondern auch im Rennbetrieb genutzt werden kann. Ab 1961 fährt die Formel 2 gemeinsam mit der Formel 1, was größere Tanks und somit einen längeren Radstand erfordert.

| Technische Daten | Porsche 718 Formel 2 |
|---|---|
| **Bauart** | Monoposto |
| **Baujahr** | 1960–1962 |
| **Motor** | Vierzylinder-Boxer |
| **Hubraum** | 1498 $cm^3$ |
| **Leistung** | 150–189 PS |
| **Getriebe** | Sechsgang-Handschalter |
| **Antrieb** | Hinterräder |
| **Gewicht** | 470 kg |
| **$V_{max}$** | 250 km/h |

### Porsche 804 Formel 1

Der Einsitzer als Nachfolger des Porsche 718 und dann des Typs 787 (einem weiterentwickelten Formel-2-Auto) ist der einzige Rennwagen, den Porsche für die Formel 1 baut. Der Gitterrohrrahmen besteht aus Stahl, die Karosserie ist aus Alu. Der Motor ist ein Leichtmetallbau, das Fahrwerk besitzt doppelte Dreieckslenker, Drehstabfederung und innenliegende Stoßdämpfer. Porsche verwendet anders als andere gebläsegekühlte Motoren. Das kostet zwar zehn PS an Leistung, spart aber Gewicht.

Zunächst wird zum Versuch ein 190 PS starker Vierzylinder-Boxer, der auf dem Fuhrmann-Motor basiert, verwendet. In den Rennen wird ein Achtzylinder-Boxer genutzt. Damit hält Porsche das vorgeschriebene Mindestgewicht von 450 Kilo gerade eben ein. Zum ersten Mal nutzt Porsche Scheibenbremsen an allen vier Rädern. Der Porsche 804 bleibt nur 1961 und 1962 im Rennzirkus und kann nur ein Rennen bei sieben Starts gewinnen. Insgesamt entstehen nur vier Exemplare – Porsche braucht unter anderem das gesparte Geld für den Kauf der Reutter-Karosseriewerke.

| Technische Daten | Porsche 804 Formel 1 |
|---|---|
| **Bauart** | Monoposto |
| **Baujahr** | 1961–1962 |
| **Motor** | Achtzylinder-Boxer |
| **Hubraum** | 1494 $cm^3$ |
| **Leistung** | 180 PS |
| **Getriebe** | Sechsgang-Handschalter |
| **Antrieb** | Hinterräder |
| **Gewicht** | 461 kg |
| **$V_{max}$** | 270 km/h |

## Porsche 356 B 2000 GS/GT Dreikantschaber

Nur zwei Exemplare dieses speziellen Rennwagens entstehen – aber der Bau lohnt sich. Das Auto steht auf Basis der 356 B GS-Typen, die Karosserie ist den 718-Modellen entlehnt. Innen dominieren zwei Schalensitze, alles ist funktional ausgerichtet. Dadurch spart der „Dreikantschaber", wie er bald wegen seiner markanten aerodynamischen Form genannt wird, 195 Kilo gegenüber dem Carrera 2. Der Königswellenmotor (Typ 587) leistet saubere 155 PS.

| Technische Daten | Porsche 356 B 2000 GS/GT Dreikantschaber |
|---|---|
| Bauart | Coupé |
| Baujahr | 1963 |
| Motor | Vierzylinder-Boxer |
| Hubraum | 1966 $cm^3$ |
| Leistung | 155 PS |
| Getriebe | Viergang-Handschalter |
| Antrieb | Hinterräder |
| Gewicht | 825 kg |
| $V_{max}$ | 230 km/h |

### Porsche 904 Carrera GTS

Nachfolger des Porsche 718 ist der 904, auch „Carrera GTS" genannt. Zur Homologation in der GT-Klasse muss Porsche 100 Stück bauen. Um Privatfahrer für das Projekt begeistern zu können, legt Porsche den Preis mit 29.700 Mark ausnahmsweise mal recht niedrig an. Die Folge: Porsche legt noch 20 Exemplare nach, wovon vier nicht ausgeliefert, sondern später als Ersatzteil-Lieferanten genutzt werden. Der 904 ist Porsches erster Rennwagen mit Kunststoffkarosserie, was ihn 650 Kilo leicht macht.

Die ersten Typen besitzen den Fuhrmann-Motor mit 160 PS, in die USA werden die ersten zwölf fertigen Wagen mit 188 PS ausgeliefert. 1964 gewinnt eines davon gleich die zwölf Stunden von Sebring. Fährt einer der ersten Protypen 1963 noch mit 9.55,3 Minuten über den Nürburgring, ist die nächste Ausbaustufe vier Wochen später schon zehn Sekunden schneller. Diverse Prototypen bekommen Sechs- und Achtzylinder-Motoren eingepflanzt, aber nicht alle Kombination bewähren sich. Stück für Stück wird auch je nach Anforderung die Karosserie umgebaut und das Auto als Bergspyder eingesetzt.

| Technische Daten | Porsche 904 Carrera GTS |
|---|---|
| **Bauart** | Coupé, Spyder |
| **Baujahr** | 1963–1965 |
| **Motor** | Vierzylinder-Boxer, Sechszlinder-Boxer, Achtzylinder-Boxer |
| **Hubraum** | 1966–2195 $cm^3$ |
| **Leistung** | 160–270 PS |
| **Getriebe** | Fünfgang-Handschalter |
| **Antrieb** | Hinterräder |
| **Gewicht** | 640–650 kg |
| $V_{max}$ | 260 km/h und mehr |

**Porsche 906 Carrera 6**

Für eine neu geschaffene Sportwagenkategorie entwickelt Porsche ab 1965 den 906 als direkten Nachfolger des 904. Das Auto heißt offiziell „Carrera 6“. Das Fahrwerk stammt vom 904 GTS, über den Gitterrohrrahmen schmiegt sich die Kunststoffkarosserie. Das ganze Auto ist nicht einmal einen Meter hoch, was den Einstieg trotz Flügeltüren erschwert. Zunächst sollen nur 50 Exemplare des 45.000 Mark teuren Boliden gebaut werden, aber dank des erneut niedrig angesetzten Preises lohnt sich der Bau weiterer 15. Normalerweise stecken Sechszylinder-Motoren darin, vier Autos werden aber mit Zweiliter-Achtzylinder-Boxern ausgeliefert. Für Werkswagen-Einsätze in Le Mans, Daytona und bei der Targa Florio variiert Porsche bei den Motoren, die bis zu 2,2 Liter Hubraum haben.

| Technische Daten | Porsche 906 Carrera 6 |
|---|---|
| **Bauart** | Coupé, Spyder |
| **Baujahr** | 1966–1967 |
| **Motor** | Sechszylinder- und Achtzylinder-Boxer |
| **Hubraum** | 1991–2195 $cm^3$ |
| **Leistung** | 200–220 PS |
| **Getriebe** | Fünfgang-Handschalter |
| **Antrieb** | Hinterräder |
| **Gewicht** | 545–710 kg |
| **$V_{max}$** | 205–220 km/h |

## Porsche 910 Coupé, 910/8 Bergspyder

Der 910 ist ein weiterentwickelter 906, der als Coupé und Spyder startet. Das Fahrwerk ist genauso modernisiert wie die Räder (mit Zentralverschluss), 1967 gibt es belüftete Bremsscheiben vorne. Als erster Einsatz wartet ein Bergrennen zur Europameisterschaft, so schickt man den 910 mit Zweiliter-Achtzylinder und offener Karosserie hin. Für Langstreckeneinsätze bevorzugt Porsche den kleinen Sechszylinder, zur Targa Florio 1967 haben die Ingenieure den 2,2-Liter-Achtzylinder eingebaut.

Der Bergspyder 910/8 besitzt unter anderem einen Alurahmen statt einem aus Stahl, eine dünnerwandige Karosserie und einen nur 16 Liter fassenden Benzintank. Das Ziel ist klar: möglichst wenig Gewicht. Dank dieser Maßnahmen wiegt der 910/8 zunächst weniger als 500 Kilo. Mit Feinarbeiten im Laufe der nächsten Monate bringt der Rennwagen letztlich nur noch unglaubliche 382 Kilo auf die Waage.

| Technische Daten | Porsche 910 Coupé |
|---|---|
| **Bauart** | Coupé, Spyder |
| **Baujahr** | 1966–1968 |
| **Motor** | Sechs- und Achtzylinder-Boxer |
| **Hubraum** | 1981–2195 cm$^3$ |
| **Leistung** | 220–270 PS |
| **Getriebe** | Fünfgang-Handschalter |
| **Antrieb** | Hinterräder |
| **Gewicht** | 382–600 kg |
| **$V_{max}$** | 255–280 km/h |

## Porsche 907

Eigentlich ist der Porsche 907 ein 910 – die Unterschiede sind gering. Das Fahrgestell stammt vom 910, doch die Kinematik der Aufhängung ist etwas anders. Für bessere Luftführung wird die Aerodynamik überarbeitet, und die Lenkeinheit wandert von links nach rechts, weil die meisten Rennstrecken rechtsherum führen und Piloten deshalb auf der rechten Sitzseite Vorteile haben. Der Porsche 907 bekommt die Zweiliter- und 2,2-Liter-Motoren des 910 und auch dessen Fünfganggetriebe. Bis 1972 wird der 907 auch in Le Mans eingesetzt – mehr als Klassensiege fährt er aber nicht heraus.

| Technische Daten | Porsche 907 |
|---|---|
| **Bauart** | Coupé |
| **Baujahr** | 1967–1972 |
| **Motor** | Sechs- und Achtzylinder-Boxer |
| **Hubraum** | 1981–2195 $cm^3$ |
| **Leistung** | 220–270 PS |
| **Getriebe** | Fünfgang-Handschalter |
| **Antrieb** | Hinterräder |
| **Gewicht** | 450–600 kg |
| **$V_{max}$** | 295–325 km/h |

## Porsche 908

Lange hat sich Porsche auf die Prototypenserie der Markenweltmeisterschaft vorbereitet – das Ergebnis ist das 908 Coupé auf Basis des 907. Es entstehen Lang- und Kurzhecktypen, je nach Anforderung. In Le Mans etwa starten Langhecks, die etwa 700 Kilo wiegen und 320 km/h Spitze schaffen. Nach Exemplar Nummer 12 kommt ein Aluminiumrahmen zum Einsatz, der wesentlich leichter ist als das frühere Stahlrohr-Geflecht. Bereits Ende 1968 wird mit Spyderkarosserien experimentiert – die sind etwa 100 Kilo leichter, dafür ist die Aerodynamik schlechter. Der 908 ist der letzte Achtzylinder-Rennwagen von Porsche, natürlich luftgekühlt. Die Kraft beträgt zunächst 335 PS, wird aber Schritt für Schritt auf rund 370 PS erhöht.

| Technische Daten | Porsche 908 |
|---|---|
| **Bauart** | Coupé, Spyder |
| **Baujahr** | 1968–1971 |
| **Motor** | Achtzylinder-Boxer |
| **Hubraum** | 2997 $cm^3$ |
| **Leistung** | 335–370 PS |
| **Getriebe** | Sechsgang-Handschalter |
| **Antrieb** | Hinterräder |
| **Gewicht** | 645–680 kg |
| **$V_{max}$** | ca. 320 km/h |

**Porsche 908/2 Spyder „Flunder", 908/3 Spyder**

Porsche entwickelt den 908 ständig weiter – zum 1000-Kilometer-Rennen 1969 steht der 908/2 auf den Rädern. Obwohl der /2 eine höhere Fronthaube als der normale 908 Spyder besitzt, bekommt er den Kosenamen „Flunder". Als Langheckvariante startet 1969 ein 908/2 in Le Mans, und siehe da: Er ist nicht langsamer als die Coupés. Dabei helfen ihm zwei eigens entwickelte Heckflossen, die den Seitenwindeinfluss mindern. 1970 hat der 908 eigentlich ausgespielt – der 917 ist bereits da. Aber der ist nicht so wendig auf kurvenreichen Strecken wie dem Nürburgring und auf Sizilien. Also bringt Porsche noch den 908/3 heraus. Der hat mit dem Ur-908 oder dem 908/2 kaum mehr etwas zu tun. Die Karosserie wiegt nur zwölf Kilo, das ganze Auto 545 – auch dank vermehrten Einsatzes von Titan. Es wird sogar – abgewandelt – noch 1982 als Gruppe-6-Renner genutzt. Da hat es bereits 540 PS dank Biturbo-Aufladung und wiegt 800 Kilo. Dann allerdings hat die Konstruktion tatsächlich ausgedient.

| Technische Daten | Porsche 908/2 Spyder „Flunder", 908/3 Spyder |
|---|---|
| **Bauart** | Spyder |
| **Baujahr** | 1969–1982 |
| **Motor** | Achtzylinder-Boxer, Achtzylinder-Boxer Turbo |
| **Hubraum** | 2142–2997 $cm^3$ |
| **Leistung** | 350–540 PS |
| **Getriebe** | Fünfgang-Handschalter |
| **Antrieb** | Hinterräder |
| **Gewicht** | 545–800 kg |
| **$V_{max}$** | 290–330 km/h |

## Porsche 917

Der 917 ist automobiles Kind und Hasardstück von Ferdinand Piëch („Das größte Risiko meines Lebens …"). Legendär ist schon die Präsentation der Gerüchten zufolge längst nicht alle vollständigen 25 Exemplare zur Homologation vor den FIA-Rennbossen in Zuffenhausen. Erstmals wird das Modell 1969 eingesetzt. Nur drei Monate nach der Premiere führt der Porsche 917 als Langheckmodell 20 Stunden lang die 24 Stunden von Le Mans an, bis er ausfällt.

Kunden kostet das Auto 140.000 Mark. Es hat einen V12-Mittelmotor mit 180 Grad Zylinderwinkel, die ihn als Boxer erscheinen lassen, zunächst 4,5 Liter Hubraum und 520 PS, später wächst der Motor auf 4,9 Liter und 600 PS (1971). Noch 1969 halten übrigens gestandene Rennfahrer das Auto für unfahrbar und nennen es „das Geschwür". Nach hartem Arbeiten vor allem an der Aerodynamik lässt es sich dann doch bestens dirigieren – 1970 und 1971 holt es den Titel in Le Mans.

Als das Reglement geändert wird, mutiert der 917 zum 917/10 TC Spyder (TC steht für „Turbo Charged"; „Spyder", weil es jetzt ein offenes Auto ist) für Rennen in Amerika. Mark Donohue gewinnt mit dem jetzt 1000 PS starken Auto 1972 sechs CanAm-Läufe und den Titel. Aus dem Modell wird daraufhin der 917/30 Spyder mit Turbolader. Der 5,4 Liter große Turbo leistet mit Ladeluftkühler bis zu 1230 PS, dabei wiegt das Auto lächerliche 800 Kilo. Kein Auto für jedermann – nur zwei Stück werden gebaut.

Mark Donohue gewinnt 1973 überlegen die CanAm-Serie. Dann wird auch dort das Reglement geändert, so dass der 917/30 Turbo außen vor bleibt. Nicht, ohne sich mit Paukenschlag zu verabschieden: Auf dem Superspeedway in Talladega rast Donohue am 9. August 1975 mit einem Durchschnittstempo von 355,86 km/h. Der Weltrekord hält elf Jahre.

| Technische Daten | Porsche 917 |
|---|---|
| **Bauart** | Coupé, Spyder |
| **Baujahr** | 1969–1973 |
| **Motor** | V12, V12 Turbo, V16 |
| **Hubraum** | 4494–6543 $cm^3$ |
| **Leistung** | 580–1230 PS |
| **Getriebe** | Vier-, Fünfgang-Handschalter |
| **Antrieb** | Hinterräder |
| **Gewicht** | 750–830 kg |
| **$V_{max}$** | 320–385 km/h |

| Technische Daten | Porsche 934 |
|---|---|
| **Bauart** | Coupé |
| **Baujahr** | 1976–1979 |
| **Motor** | Sechszylinder-Boxer-Turbo |
| **Hubraum** | 2994 $cm^3$ |
| **Leistung** | 485–600 PS |
| **Getriebe** | Viergang-Handschalter |
| **Antrieb** | Hinterräder |
| **Gewicht** | 1120–1130 kg |
| $V_{max}$ | 303–305 km/h |

## Porsche 934

Der Porsche 934 wird aus dem Serienmodell des Porsche 930 Turbo entwickelt, er bekommt auch die Bezeichnung Porsche Turbo RSR und startet in der Gruppe 4. Dank Abgasaufladung fabriziert der Dreiliter-Boxer zunächst 485 PS. Die ersten Meriten holt sich das Modell in der Deutschen Rennsportmeisterschaft und in der amerikanischen IMSA-GT-Serie. Von 1976 bis 1982 rennt der Wagen auch in Le Mans. Seine größten Erfolge aber erzielt er in der DRM und in der GT-Europameisterschaft. 1979 wird das Auto modifiziert, was sich besonders dank des erhöhten Ladedrucks bemerkbar macht: Nun stehen 600 PS zur Verfügung, was für 305 km/h gut ist. Letztendlich verdrängt der 935 den 934, aber der Porsche 934 wird noch bis 1986 eingesetzt.

| Technische Daten | Porsche 935 |
|---|---|
| **Bauart** | Coupé |
| **Baujahr** | 1976–1982 |
| **Motor** | Sechszylinder-Boxer Turbo, Sechszylinder-Boxer Biturbo |
| **Hubraum** | 1425–3164 cm$^3$ |
| **Leistung** | 590–845 PS |
| **Getriebe** | Viergang-Handschalter |
| **Antrieb** | Hinterräder |
| **Gewicht** | 750–1025 kg |
| **$V_{max}$** | 270–366 km/h |

## Porsche 935, 935/78 „Moby Dick"

Porsche will Siege – und wohl kein anderer Hersteller stellt sich so früh und so intensiv wie Porsche darauf ein, im Sportwagen-Motorsport möglichst oft auf dem Treppchen zu stehen. Schon 1973 beginnen die Stuttgarter, frühe Formen des 935 einzusetzen. Zur Vorbereitung gehört – wie schon seit 1966 bei jedem Rennwagen – eine Dauererprobung über rund 1000 Kilometer unter härtesten Bedingungen, besonders für Motor, Fahrwerk und Karosserie.

Der 935 basiert auf dem 911 Turbo, rast in der Gruppe 5 der Produktionsrennwagen und gewinnt prompt 1976. Das Auto heimst mit Rolf Stommelen und Klaus Ludwig am Steuer auch die Deutsche Rennsportmeisterschaft 1977 und 1979 ein. Ende 1977 – da gibt es noch den 935 „Baby" mit nur 1,5 Liter großem Sechszylinder, mit 750 Kilo extrem leicht gebaut für das Norisring-Rennen – überlässt Porsche das Feld den Kunden im 935. Nur das Prestigerennen in Le Mans wird vom Werk belegt. Da bekommen Rolf Stommelen und Manfred Schurti einen besonders vorbereiteten 935 namens „Moby Dick". Unter der Karosserie steckt ein modernisierter 3,2-Liter Sechszlinder mit satten 845 PS, der Form mit dem langen Heck verdankt das Auto den Spitznamen.

Der Renner ist nicht zuverlässig, aber mit 366 km/h Spitze extrem schnell. Immerhin schafft das Team den achten Gesamtrang – dann verschwindet es im Museum. Mit Klaus Ludwig und den undurchsichtigen Brüdern Don und Bill Whittington stürmt das Auto des privaten Kremer-Teams 1979 in Le Mans tatsächlich letztlich als erster über die Ziellinie – da ist der Motor bereits mit zwei Turboladern ausgerüstet.

**Porsche 936 Spyder**

Der Porsche 936 Spyder für die Gruppe 6 ist ursprünglich gar nicht geplant. Aber unter anderem aufgrund der teils nur hinter vorgehaltener Hand ausgesprochenen Vorwürfe, Porsche sahne in der Gruppe 5 wegen schwacher Konkurrenz ab und stelle sich nicht in der Gruppe 6, werden die Stuttgarter aktiv. Der 936 Spyder wird – auch in Coupé-Form – einer der erfolgreichsten Porsche-Renner überhaupt: Schon nach vier von sieben WM-Läufen ist Porsche im Jahr 1976 Weltmeister. Und das Langstreckenrennen in Le Mans wird auch noch gewonnen – das dritte Mal nach 1970 und 1971.

Den Erfolg wiederholt das Modell noch einmal 1977 und 1981. Technisch gelingt das mit einer Kunststoffkarosserie, die über einen Gitterrohrrahmen aus Aluminium gestülpt ist. Der Motor stammt aus dem 911 Turbo RSR und leistet statt 520 etwa 620 PS, der Hubraum ist von 2,1 auf 2,6 Liter gewachsen. Zur höchsten Evolutionsstufe gehört der Kremer CK5 mit 2,8-Liter-Sechszylinder mit bis zu 720 PS. Mit dem Modell heimst Porsche zwischen 1976 und 1979 insgesamt vier Sportwagen-Weltmeisterschtitel ein. Der erfolgreichste Fahrer auf dem Auto ist der Belgier Jacky Ickx.

| Technische Daten | Porsche 936 Spyder |
|---|---|
| **Bauart** | Coupé, Spyder |
| **Baujahr** | 1976–1983 |
| **Motor** | Sechszylinder-Boxer Turbo |
| **Hubraum** | 2142–2800 cm³ |
| **Leistung** | 520–875 PS |
| **Getriebe** | Fünfgang-Handschalter |
| **Antrieb** | Hinterräder |
| **Gewicht** | 700–1025 kg |
| **$V_{max}$** | 330–360 km/h |

### Porsche 924 Carrera GTP

Intern wird der Porsche Carrera 924 GTP auf Basis des 924 Carrera GT als Typ 939 bezeichnet. Das Auto wird für Le Mans 1980 aufgebaut und fährt dort kurz vor dem Serienanlauf des Carrera GT. Der GTP erhält unter anderem einen Käfig, einen fest angeschweißten Hilfsrahmen, eine extra verwindungssteife Karosserie, neue Karosserieteile aus Glasfaser, breite Spur, BBS-Rennfelgen, Titan-Schraubenfedern rundum, Bilstein-Rennstoßdämpfer, mechanische Kugelfischer-Einspritzung und Transistorzündung. In der Front sitzen vier Scheinwerfer, dafür fehlen die Luftschlitze des 924 Turbo.

Drei GTP starten 1980 in Le Mans, alle drei kommen durch. Jürgen Barth und Manfred Schurti belegen insgesamt den sechsten und in ihrer Klasse den dritten Platz. Die beiden weiteren GTP kommen als zwölfter und dreizehnter des Gesamtklassements ins Ziel.

| Technische Daten | Porsche 924 Carrera GTP |
|---|---|
| Bauart | Coupé |
| Baujahr | 1980–1981 |
| Motor | Vierzylinder-Turbo |
| Hubraum | 1984 cm³ |
| Leistung | 320 PS |
| Getriebe | Fünfgang-Handschalter |
| Antrieb | Hinterräder |
| Gewicht | 930 kg |
| $V_{max}$ | 282 km/h |

**Porsche 924 Carrera GTS, 924 Carrera GTR**

Nach 400 Straßensportwagen 924 Carrera GT (Typ 937) hält Porsche es für an der Zeit, eine Wettbewerbsversion des gelungenen Transaxles aufzulegen – den 924 Carrera GTS für den privaten Rennsporteinsatz. Mit TÜV-Einzelabnahme ist sogar Straßenzulassung möglich. Die Fahrleistungen beeindrucken: 6,2 Sekunden für den Sprint, Top-Speed 250 km/h. Der Motor leistet 245 PS und 335 Nm, die schon bei 3000 Umdrehungen zur Verfügung stehen.

Die Sitze des Renners stammen aus dem Porsche 935, Dämmmaterial ist nicht vorhanden. Unter anderem deshalb wiegt das Auto nur 1121 Kilo. Wer ein Exemplar haben will, muss allerdings 110.000 Mark locker machen. Als 924 Carrera GTR wird das Auto speziell für die 24 Stunden von Le Mans weiterentwickelt (17 Stück gebaut). Da wiegt es nur noch 945 Kilo und überzeugt zudem mit 375 PS und 405 Nm. Für den Sprint in 4,7 Sekunden legen Kunden 180.000 Mark hin, bekommen dafür aber auch die Bremsanlage der Porsche 917 und 935.

| Technische Daten | Porsche 924 Carrera GTS, 924 Carrera GTR |
|---|---|
| Bauart | Coupé |
| Baujahr | 1981–1982 |
| Motor | Vierzylinder-Turbo |
| Hubraum | 1984 cm$^3$ |
| Leistung | 200–270 PS |
| Getriebe | Fünfgang-Handschalter |
| Antrieb | Hinterräder |
| Gewicht | 945–1180 kg |
| $V_{max}$ | 260 km/h und mehr |

## Porsche 956

Der 956 ist der wohl erfolgreichste Porsche-Renner aller Zeiten. Der Legende nach ist seine Bezeichnung so entstanden: neun Monate Bauzeit, fünf geistige Väter und sechs Zylinder. Das Auto wird für die neue Gruppe C in der Langstrecken-Weltmeisterschaft entwickelt. Es ist der erste Porsche mit einem Aluminium-Monocoque-Chassis und „Ground Effect", bei dem dank aerodynamischem Unterdruck das Auto an den Asphalt gesogen wird. Der 956 besteht aus Monocoque-Chassis, Kunststoffkarosserie, Leichtmetallrahmen, 2649 Kubik großem Sechszylinder-Boxer mit Ladeluftkühlung und zwei Turbos. Macht zusammen 840 Kilo.

Der Wagen wird in zwei Versionen – als Lang- und Kurz-Fassung – gebaut. Der 620 PS starke Renner stürmt in 3,4 Sekunden von 0 auf 100 km/h und ist sehr zuverlässig – in Le Mans ist das der Dauersieg von 1982 bis 1985. Genauer: 1982 belegen drei 956-Rennwagen in Le Mans die Plätze 1, 2 und 3, 1983 ist das Ergebnis noch berauschender: Platz 1 bis 8 Porsche 956, Platz neun ein Sauber-BMW, Platz zehn Porsche 956. Zwischen 1983 und 1985 sackt Porsche mit dem Überflieger zudem auch noch sämtliche WM-Läufe der Markenweltmeisterschaft ein – und damit natürlich auch die Titel.

| Technische Daten | Porsche 956 |
|---|---|
| **Bauart** | Coupé |
| **Baujahr** | 1982–1984 |
| **Motor** | Sechszylinder-Boxer Biturbo |
| **Hubraum** | 2649 $cm^3$ |
| **Leistung** | 620 PS |
| **Getriebe** | Fünfgang-Handschalter |
| **Antrieb** | Hinterräder |
| **Gewicht** | 850 kg |
| $V_{max}$ | ca. 350 km/h |

**McLaren MP4 TAG P01**

Porsche versucht sich ab 1982 auch als reiner Motorenlieferant für die Formel 1 – und geht eine Liaison mit McLaren ein. Der V6 Biturbo leistet im Rennen 659 PS, in der Qualifikation aber werden bis zu 811 PS auf die Hinterachse losgelassen. Niki Lauda und John Watson machen zunächst streng geheime Testfahrten in Weissach. Der McLaren-Porsche fährt erstmals im Wettbewerb beim Grand Prix der Niederlande im Jahr 1983, aber erst im letzten Saisonrennen erreicht der Wagen die Ziellinie – mit Lauda als Elftplatziertem.

1984 soll angegriffen werden, und Lauda hat mit Alain Prost einen neuen Teamkollegen. 1984 gewinnen beide Piloten zusammen zwölf von 16 Rennen – Niki Lauda wird mit einem halben Punkt Vorsprung Weltmeister vor Prost. Der holt sich den Titel dafür 1985 und 1986. 1987 wird Prost mit dem Porsche-Motor Vierter.

Danach verlässt Porsche die Formel 1. Jedoch nur bis 1991, als die Stuttgarter mit einem 3,5-Liter-Zwölfzylinder, eingebaut in einen Arrows, zurückkehren. Doch der Motor ist zu schwer, zu groß und zu lang. Bei sieben Starts wird nur drei Mal die Qualifikation erreicht, im Rennen fallen die Autos jedes Mal aus. Seither muss die Formel 1 ohne Porsche auskommen.

| Technische Daten | McLaren MP4 TAG P01 |
|---|---|
| Bauart | Monoposto |
| Baujahr | 1982–1987 |
| Motor | V6 Biturbo |
| Hubraum | 1499 $cm^3$ |
| Leistung | 659–900 PS |
| Getriebe | Fünfgang-Handschalter |
| Antrieb | Hinterräder |
| Gewicht | k.A |
| $V_{max}$ | k.A |

| Technische Daten | Porsche 962 IMSA, 962 C |
|---|---|
| **Bauart** | Coupé |
| **Baujahr** | 1986–1994 |
| **Motor** | Sechszylinder-Boxer Turbo und Biturbo |
| **Hubraum** | 2649–3164 $cm^3$ |
| **Leistung** | 680–760 PS |
| **Getriebe** | Fünfgang-Handschalter |
| **Antrieb** | Hinterräder |
| **Gewicht** | 850 kg |
| **$V_{max}$** | 400 km/h |

## Porsche 962 IMSA, 962 C

Der Porsche 962 gilt als erfolgreichster Sportwagen-Prototyp überhaupt – es gibt ihn aber hauptsächlich deshalb, weil der Porsche 956 zur IMSA-Meisterschaft in den USA nicht zugelassen ist. Böse Zungen behaupten, die Amis hätten ihr Reglement eigens so ausgelegt, dass der Abräumer aus Europa nicht antreten darf. Die Unterschiede der Systeme: Handicap-Formel für Motoren, kein Verbrauchslimit, andere Karosserieformen, neue Aerodynamikmöglichkeiten und neue Sicherheitsvorschriften.

So baut Porsche den 962 – unter anderem mit größerem Radstand und kürzeren Überhängen. Zunächst wird der Sechszylinder-Zweiventil-Turbo mit 2869 Kubik eingebaut. Um auch Kunden in Europa in den Genuss des Wagens kommen zu lassen, stellt Porsche den 962 C auf die Räder – mit 2,65-Liter-Vierventiler mit zwei Turboladern. Er darf in der europäischen Gruppe C fahren. Später werden noch weitere Motoren verwendet. Letztlich gewinnen die 962 sage und schreibe 54 Mal, dreimal davon in Le Mans (1986, 1987 und 1994). Gut 90 Stück werden gebaut. Verschiedene Tuner machen auch Straßenmodelle daraus: Jochen Dauers Le Mans GT etwa kostet 1993 mal eben 1.725.000 Mark.

## Porsche 961

Der Typ 961 ist ein Rennwagen auf Basis des Allrad-Porsche 959, an dem viele Hoffnungen hängen – die aber nicht erfüllt werden. Für Rundstreckenrennen entwickelt, soll er den unglaublichen 935 beerben. Das ist aber am Ende aussichtslos, trotz Bremsen und Motor vom 956 mit erhöhtem Ladedruck sowie mit dem Getriebe und dem Allradantrieb aus dem 959. 1986 rennt das Auto in Le Mans und wird immerhin Klassensieger.

Das Dreistundenrennen von Daytona verläuft dagegen enttäuschend, ebenso der Einsatz in Le Mans 1987: Pilot Kees Nierop verschaltet sich, woraufhin das Auto in die Leitplanken einschlägt und Feuer fängt – was allerdings nicht dem Auto zuzuschreiben ist. Porsche stoppt das Projekt 961 trotzdem – dabei steckt im 961 durchaus Potenzial.

| Technische Daten | Porsche 961 |
|---|---|
| **Bauart** | Coupé |
| **Baujahr** | 1986–1987 |
| **Motor** | Sechszylinder-Boxer Biturbo |
| **Hubraum** | 2847 $cm^3$ |
| **Leistung** | 680 PS |
| **Getriebe** | Sechsgang-Handschalter |
| **Antrieb** | Allrad |
| **Gewicht** | 1150 kg |
| $V_{max}$ | 330 km/h |

### Porsche 2708 CART/March-Porsche 89 P

Für die amerikanische CART-Serie baut Porsche den einzigen Rennwagen mit Aluminium-Kunststoff-Monocoque und einem eigens vom Motorenspezialisten Hans Mezger entwickelten V8, der – wie das Reglement vorschreibt – Methanol konsumiert. Mit 465 Newtonmetern maximalem Drehmoment ist er zwar ausreichend stark, dennoch gewinnt das Auto keinen Blumentopf. Teo Fabi qualifiziert sich 1988 auf dem Oval von Indianapolis als Siebzehnter, fällt aber im Rennen mit technischem Problem aus. 1989 pflanzt Porsche seinen Motor in ein March-Chassis, der Wagen erhält die Bezeichnung March-Porsche 89 P. Aber auch in dieser Kombination bleiben die Erfolge aus. Insgesamt kommt bei 48 Starts nur ein Sieg heraus: 1989 in Mid-Ohio mit Teo Fabi am Steuer. 15 Autos werden bis 1990 gebaut.

| Technische Daten | Porsche 2708 CART/ March-Porsche 89 P |
|---|---|
| **Bauart** | Monoposto |
| **Baujahr** | 1988–1990 |
| **Motor** | V8 Turbo |
| **Hubraum** | 2649 $cm^3$ |
| **Leistung** | 750 PS |
| **Getriebe** | Sechsgang-Handschalter |
| **Antrieb** | Hinterräder |
| **Gewicht** | 703 kg |
| **$V_{max}$** | 360 km/h |

### Porsche 911 GT1

1991 entscheidet Porsche, dass die GT-Klassen das richtige Umfeld fürs Portfolio seien. Um auch mal wieder ganz oben mitfahren zu können, entwickeln die Ingenieure einen Top-GT auf Basis des 911, Typ 993. Die Vorgaben: noch als 911 erkennbar, laut Reglement nur 1100 Millimeter hoch, 1960 Millimeter breit, Radstand 2,5 Meter, wassergekühlter Sechszylinder-Boxer mit zwei Turboladern in Mittelmotoranordnung.

Das Ergebnis heißt Porsche 911 GT1 und steht nach nur 234 Entwicklungstagen im Jahr 1996 in Le Mans am Start. Zwei Exemplare schlagen sich bestens, sie landen auf den Gesamträngen zwei und drei (zum Porsche-Trost gewinnt ein Joest-Porsche WSC). Die letzten drei Läufe der BPR-Serie gewinnen die Wagen überlegen – schon stehen die Kunden Schlange für die acht Exemplare, die Porsche auflegt. Doch dann wird das Reglement geändert – 1997 gelingt kein einziger Erfolg.

Deshalb schiebt Porsche 1998 den 911 GT1 Evo nach – was die Situation deutlich verbessert. Als Evo speckt das Auto um 100 Kilo ab, was im Renneinsatz ein Gewicht von nur 950 Kilo bedeutet. 1998 gelingt dann endlich der gewünschte Doppelsieg in Le Mans. Porsche ist in Sachen Homologation übrigens verpflichtet, auch Straßenversionen anzubieten – laut Reglement müssen es 25 Stück sein. Tatsächlich werden wahrscheinlich nur 23 Stück gebaut.

| Technische Daten | Porsche 911 GT1 |
|---|---|
| **Bauart** | Coupé |
| **Baujahr** | 1996–1998 |
| **Motor** | Sechszlinder-Boxer Biturbo |
| **Hubraum** | 3163 $cm^3$ |
| **Leistung** | 550–600 PS |
| **Getriebe** | Sechsgang-Handschalter |
| **Antrieb** | Hinterräder |
| **Gewicht** | 950–1120 kg |
| **$V_{max}$** | 310–350 km/h |

| Technische Daten | Porsche RS Spyder |
|---|---|
| **Bauart** | Spyder |
| **Baujahr** | 2005–2008 |
| **Motor** | V8 |
| **Hubraum** | 3397 $cm^3$ |
| **Leistung** | 480 PS |
| **Getriebe** | sequenzielles Sechsgang-getriebe |
| **Antrieb** | Hinterräder |
| **Gewicht** | 800 kg |
| **$V_{max}$** | 350 km/h |

## Porsche RS Spyder

1999 hat Porsche den Prototypen Adieu gesagt – 2005 ist die Hungerzeit vorbei: Auftritt RS Spyder. Der intern Typ 9R6 genannte Wagen enttäuscht nicht – Penske Racing setzt den Prototypen in der American-Le-Mans-Serie ein, das Werk unterstützt nach Kräften. Zwar rennt der RS Spyder nicht in der Top-Klasse mit, gewinnt aber von 2006 bis 2008 alles bei den „kleinen Prototypen" und zeigt manchmal auch den großen Rennern ihre Grenzen auf. Das Geheimnis des Erfolges: Ein hochdrehender V8-Sauger, ein Kohlefaser-Monocoque und clevere Aerodynamik. Übrigens: 2018 wird ein Exemplar aus dem Jahr 2007 für 3.890.860 Euro versteigert.

### Porsche 919 Hybrid, 919 Hybrid Evo

2014 präsentiert Porsche einen neuen LMP1-Prototypen, um wieder bei den prestigeträchtigen 24 Stunden von Le Mans angreifen zu können. Natürlich wird der 919 Hybrid für den Einsatz in der Langstrecken-Weltmeisterschaft WEC aufgebaut. Im Monocoque – einer Sandwichkonstruktion aus kohlefaserverstärktem Kunststoff – sitzen ein Zweiliter-V4-Turbomotor und ein Hybridsystem. Das besteht aus KERS (Kinetic Energy Recovery System, System zur Rückgewinnung kinetischer Energie) an der Vorderachse und einer Zusatzturbine im Abgastrakt.

Porsche übt mit dem Auto 2014 im französischen Traditionsrennen, dann aber räumen die Stuttgarter mit ihrem Brecher ab: Das Auto siegt in Le Mans 2015, 2016 und 2017 und kassiert ebenso alle passenden Weltmeistertitel dieser Zeit. Im Jahr 2018 wird der Wagen zum 919 Evo weiterentwickelt. Das Auto – nun befreit von allen Reglement-Restriktionen – leistet zuletzt 1160 PS. Die aktive Aerodynamik verhilft dem Renner zu 53 Prozent mehr Abtrieb als der Renn-919 Hybrid vorweisen kann.

Der 919 Evo fährt diverse Rundenrekorde (Spa-Franchorchamps: 1:41,77 Minuten) und knackt schließlich mit Timo Bernhard am Steuer den 35 Jahre lang von Stefan Bellof im Porsche 962C gehaltenen Rundenrekord auf der Nordschleife. Bernhard nagelt mit einem Spitzenwert von 369,4 km/h und einem Schnitt von 233,8 km/h durch und schafft auf der 20,8 Kilometer langen Strecke die Fabelzeit von 5:19,55 Minuten – kein Wunder beim Sprint von 0 auf 100 km/h in 2,2 Sekunden. Schließlich darf das Rekordauto in einem Konvoi auf öffentlichen Straßen ins Porsche-Museum rollen.

| Technische Daten | Porsche 919 Hybrid, 919 Hybrid Evo |
|---|---|
| **Bauart** | Coupé |
| **Baujahr** | 2014–2018 |
| **Motor** | V4 Turbo mit Elektromotor |
| **Hubraum** | 2000 $cm^3$ |
| **Leistung** | 900–1160 PS |
| **Getriebe** | Siebengang-Renngetriebe |
| **Antrieb** | Allrad |
| **Gewicht** | 849–875 kg |
| **$V_{max}$** | bis zu 370 km/h |

## Porsche 911 RSR

Ein Klasse-Auto ist der 911 RSR – allerdings ist dieser Elfer so weit weg von der Serie wie der Boxermotor von seinem Entwicklungsende. Der Renner ist nicht einsetzbar ohne mindestens zwei Porsche-Ingenieure, die sich um die Technik kümmern, Der Vierliter-Sauger gibt 510 PS an die Hinterräder ab, und die drücken, bis maximal 302 km/h erreicht sind. Der Motor ist vor der Hinterachse platziert, also ist der 911 RSR streng genommen ein Mittelmotorauto. Diese Anordnung ist besser für die Gewichtsverteilung und schont die Hinterreifen.

Statt der Sitzgeometrie lassen sich Lenkrad und Pedalerie verschieben – Renntechnik pur. Der RSR hat Klimaanlage mit Sitzkühlung und Helmbelüftung sowie eine beheizbare Frontscheibe, ist also optimal gerüstet für Langstreckenrennen wie die 24 Stunden von Le Mans. Das Auto kostet allerdings auch 990.913 Euro. Weiterer Nachteil: Nur zwölf Stück werden gebaut, somit werden Ersatzteile zum Problem.

| Technische Daten | Porsche 911 RSR |
|---|---|
| **Bauart** | Coupé |
| **Baujahr** | 2018 |
| **Motor** | Sechszylinder-Boxer |
| **Hubraum** | 3996 $cm^3$ |
| **Leistung** | 510 PS |
| **Getriebe** | Sechsgang sequenziell |
| **Antrieb** | Hinterräder |
| **Gewicht** | 1243 kg |
| $V_{max}$ | 302 km/h |

**Porsche 911 GT3 R**

2019 bietet Porsche den 911 GT3 R als „einsitziges Kundenfahrzeug" an und bewirbt ihn selbstbewusst: „Man kann mit ihm bis an die Grenzen gehen – der Physik, der Kurve, der eigenen Fähigkeiten. Aber eines kann man nicht: ihn aufhalten." Der Spaß kostet allerdings dann auch 546.210 Euro. Dafür kann der Käufer eines 911 GT3 R unter anderem den Sprint in 2,7 Sekunden genießen und sich über eine besser ausgefeilte Aerodynamik als im Porsche GT3 Cup freuen. Der Renner ist trotz allem gar nicht so weit von der Serie entfernt. Er hat ABS und Traktionskontrolle. Die Rennkupplung reagiert allerdings recht brutal, dafür ist die Traktion genial. Das Modell fährt unter anderem in der VLN-Langstreckenmeisterschaft und beim 24-Stunden-Rennen am Nürburgring.

| Technische Daten | Porsche 911 GT3 R |
|---|---|
| **Bauart** | Coupé |
| **Baujahr** | seit 2019 |
| **Motor** | Sechszylinder-Boxer |
| **Hubraum** | 4000 $cm^3$ |
| **Leistung** | 550 PS |
| **Getriebe** | Sechsgang sequenziell |
| **Antrieb** | Hinterräder |
| **Gewicht** | 1220 kg |
| **$V_{max}$** | 290 km/h |

## Porsche 911 GT2 RS Clubsport

Es sind nicht viele Menschen, die sich am 28. November 2018 morgens um 8 Uhr auf dem Porsche-Messestand im Convention Center, Los Angeles, befinden. Aber die wenigen Anwesenden sind begeistert: Steht da doch ein neuer Porsche-Rennwagen für den Kundensport – ein 911 GT2 RS Clubsport, Typ 991/2. Er ist für jene Kunden gedacht, die – wo auch immer – einen halbwegs bezahlbaren GT2-Renner fahren wollen, ohne gleich betreuende Porsche-Ingenieure anheuern zu müssen. Hochgezüchtete Rennwagen wie der RSR benötigen solche Spezialisten heutzutage, will man ganz oben im GT-Rennsport mitmischen. Der neue Clubsport wird 200 Mal gebaut und kostet 481.950 Euro. Der Besitzer darf dann mit 700 PS spielen. Und nebenbei tröstet der Wagen die vielen Interessenten, die keinen der nur 77 Mal gebauten 70-Jahre-Geburtstagsautos 935/19 abbekommen haben.

| Technische Daten | Porsche 911 GT2 RS Clubsport |
|---|---|
| **Bauart** | Coupé |
| **Baujahr** | seit 2019 |
| **Motor** | Sechszylinder-Boxer Biturbo |
| **Hubraum** | 3800 $cm^3$ |
| **Leistung** | 700 PS |
| **Getriebe** | Siebengang-PDK |
| **Antrieb** | Hinterräder |
| **Gewicht** | 1390 kg |
| **$V_{max}$** | k.A. |

**Porsche 718 Cayman GT4 Clubsport**

Eine große Überraschung hat Porsche im Gepäck, als die Stuttgarter Insider gleich zu Beginn des Jahres 2019 auf die Rennstrecke zum „Roar" nach Daytona bitten: den neuen Porsche Cayman GT4 Clubsport. Weniger überraschend sind der 3,8-Liter-Sechszylinder und die dazugehörigen 425 PS, sondern unter anderem die Tatsache, dass Türen und Heckflügel statt aus Carbon aus Biofasern bestehen.

Erstmals gibt es das Auto (es ist die zweite Generation) in zwei Ausführungen: Den Einstieg bildet die 159.460 Euro teure, nicht ganz so scharfe „Trackday"-Ausführung. Das „Competition"-Modell mit professionellem Feuerlöschsystem, Stempelanlage und so weiter kostet 186.830 Euro (beide jeweils mit Mehrwertsteuer). Für diverse Rennen wie die 24 Stunden von Daytona ist dann auch noch ein Manthey-Racing-Paket nötig, das den Wagen unter anderem noch einmal um rund 30 Kilo abspeckt durch vermehrten Carboneinsatz, was um die 30.000 Euro kostet.

Porsche setzt große Erwartungen in das Auto: Vom Vorgänger wurden 421 Stück verkauft – und jetzt werden drumherum sogar eigene Rennserien gebaut. Übrigens: Zur Wartung müssen die Renner nicht nach Weissach, denn jede Porsche-Werkstatt kann mit der seriennahen Technik umgehen.

| Technische Daten | Porsche 718 Cayman GT4 Clubsport |
|---|---|
| **Bauart** | Coupé |
| **Baujahr** | seit 2019 |
| **Motor** | Sechszylinder-Boxer |
| **Hubraum** | 3800 cm³ |
| **Leistung** | 425 PS |
| **Getriebe** | Sechsgang-PDK |
| **Antrieb** | Hinterräder |
| **Gewicht** | 1320 kg |
| **$V_{max}$** | k.A. |

# Porsche 935/19

Bei dem größten Treffen von Porsche-Rennsportwagen, dem Porsche Rennsport Reunion 2018 in Laguna Seca, Kalifornien, schenkt Porsche der Welt ein von allen Rennreglements befreites Geburtstagsauto zum eigenen 70. Geburtstag: den 935/19. Er erinnert optisch an den legendären 935/78 „Moby Dick", darf aber weder an FIA-Rennen teilnehmen noch auf öffentlichen Straßen fahren. Deshalb haben sich die Ingenieure so richtig ausgetobt: Der 935/19 basiert auf dem aktuellen GT2 RS, hat also den 3,8-Liter Sechszylinder-Boxer mit 700 PS und 750 Newtonmeter im Heck, besitzt das Siebengang-DSG und natürlich Hinterradantrieb.

Damit die immense Kraft bei hohem Tempo auch in Traktion umgesetzt werden kann, thront hinten ein Flügel mit insgesamt 2,3 Quadratmetern Fläche. Die Optik: Martini-Dekor und Sichtcarbon außen, innen ebenfalls Carbon, dazu ein Schaltknauf in Schichtholz, ein einziger Schalensitz sowie Lenkrad und Display aus aktuellen Rennwagen. Wer sich damit messen will, kann das eigentlich nur auf Trackdays tun oder vielleicht bei so reglement-

| Technische Daten | Porsche 335/19 |
|---|---|
| **Bauart** | Coupé |
| **Baujahr** | 2019 |
| **Motor** | Sechszylinder-Boxer |
| **Hubraum** | 3800 cm³ |
| **Leistung** | 700 PS |
| **Getriebe** | Siebengang-DSG |
| **Antrieb** | Hinterräder |
| **Gewicht** | 1320 kg |
| **$V_{max}$** | 340 km/h |

*Perfekte Verbindung: Geschichte und Moderne verkörpern der Porsche 935/78, genannt „Moby Dick" (rechts), und der so hinreißende wie streng limitierte Porsche 935/19.*

*Erste öffentliche Ausfahrt auf der Rennstrecke Laguna Seca – der Porsche 935/19 ist optisch wie soundtechnisch ein absoluter Genuss.*

befreiten Hardcore-Veranstaltungen wie dem Pikes-Peak-Rennen – und dort nur in der offenen Klasse.

Das Vorbild ließ Porsche in der zweiten Hälfte der 70er Jahre auf Basis des 911 Turbo auf die Rennstrecken los. 1978 war der 935/78 in seiner höchsten Leistungsstufe 845 PS stark. Auf Grund seiner Form mit dem langen, aerodynamisch ausgeprägten Heck wurde er „Moby Dick" genannt.

Der neue Moby Dick fährt nun in Laguna Seca beim Porsche-Meeting seine ersten Runden und überzeugt mit einem Sound, der das Habenwollen-Gen eines jeden Porschefans zum Schwingen bringt. Der Preis des auf 77 Exemplare limitierten Super-Porsche beträgt 701.948 Euro ohne Mehrwertsteuer (mit sind es 835.318 Euro).

Übrigens: Die Motorsportingenieure sind so stolz auf das Auto, dass sie ihre Arbeit nicht etwa mit einem Schild „Made in Weissach" verewigen, sondern dem Auto das Prädikat „Made in Flacht" verpassen. Tatsächlich liegt die Porsche-Motorsportdivison in dem Weissacher Ortsteil. Den Gag am Auto sieht man aber nur, wenn man dem Supercar tief unters Heck kriecht und dann nach oben blickend auf die linke Seite schaut.

So ein Markenbuch ist immer eine Teamarbeit – auch wenn einer es letztlich schreibt. Somit bedanke ich mich bei allen, die zum Gelingen beigetragen haben wie den Unermüdlichen des Heel-Verlages sowie den vielen Fotografen, die ihre Fotos zur Verfügung gestellt haben.

Mein besonderer Dank gilt der Porsche AG, die mich nicht nur perfekt mit Informationen versorgt, sondern auch die Möglichkeit bietet, dass ich stets die neuesten Produkte fahren und testen kann und dass dabei jeder Fotowunsch berücksichtigt wird. Mein ganz spezieller Dank aber gilt dem Porsche-Museum, namentlich Achim Stejskal, Alexander Klein, Astrid Böttinger, Kuno Werner, Benny Marjanac und Frank Jung – stellvertretend für die gesamte Museumsmannschaft. Sie sorgen allesamt nicht nur dafür, dass ihre wertvollen und klassischen Porsche unermüdlich durch die Welt rollen (und mich erfreulich oft ans Steuer lassen), sondern auch für unvergessliche Momente in allen Teilen der Welt mit ihren Events, Aktionen und tollen Ideen. Mögen sie Euch nie ausgehen …

**Bildquellen**

Alle Fotos von der Porsche AG, außer:
Kai Huwer (1)
Roland Löwisch (9)
Jost Neßhöver (3)
Dieter Rebmann (3)
Jürgen Schlegelmilch (1)
Marc Urbano (1)

Carrera
111

**WEITERE EMPFEHLUNGEN FÜR SIE**

# Mehr als 400.000 verkaufte Exemplare der Reihe

€ 9,99
ISBN 9783958438972

€ 9,99
ISBN 9783958436923

€ 9,99
ISBN 9783958433533

€ 9,99
ISBN 9783958432987

€ 9,99
ISBN 9783868527049

€ 9,99
ISBN 9783868529456

€ 9,99
ISBN 9783868524475

€ 9,99
ISBN 9783958435902

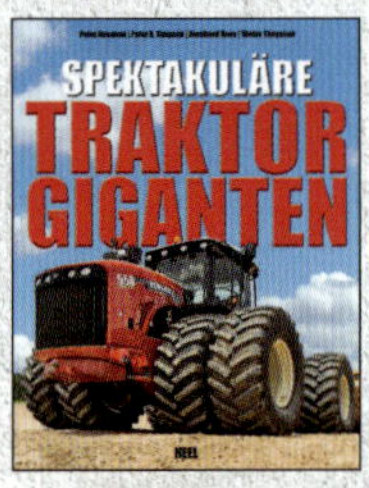

€ 9,99
ISBN 9783958433052

7. Auflage

€ 9,99
ISBN 9783868522808

€ 9,99
ISBN 9783958433526

€ 9,99
ISBN 9783868528053

€ 9,99
ISBN 9783958437661

6. Auflage

€ 9,99
ISBN 9783868528060

5. Auflage

€ 9,99
ISBN 9783868526349

€ 9,99
ISBN 9783868524741

6. Auflage

€ 9,99
ISBN 9783868521771

€ 9,95
ISBN 9783868522921

€ 9,99
ISBN 9783868523812

3. Auflage

€ 9,99
ISBN 9783868526943

€ 9,99
ISBN 9783868527094

€ 9,99
ISBN 9783868529531

€ 9,99
ISBN 9783958430303

€ 9,99
ISBN 9783868529005

**Unser komplettes Programm finden Sie im Buchhandel und unter www.heel-verlag.de**